风云变幻说天气

中国出版集团
现代出版社

目录

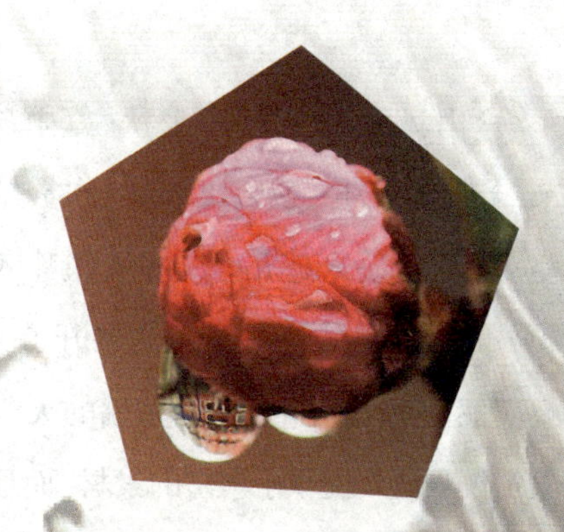

目录

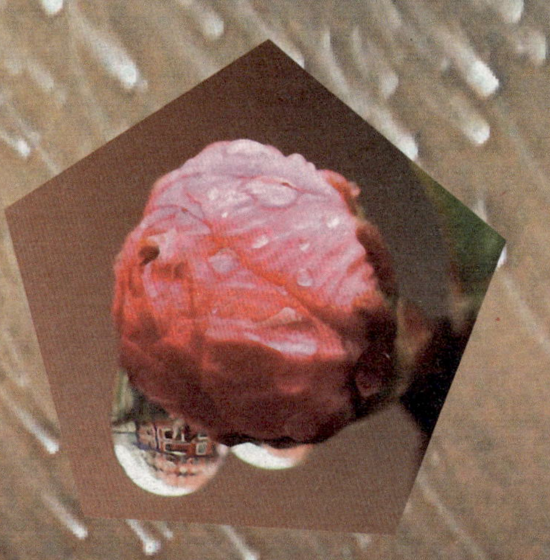

天气的概念

空山新雨后，天气晚来秋；好雨知时节，当春乃发生；残云收翠岭，夕雾结长空；黑云翻墨未遮山，白雨跳珠乱入船……大量优美的诗句为我们展开了一幅幅美丽的天气画卷。变化多端的天气现象不仅为诗人提供了丰富的素材，而且与我们的日常生活息息相关。要想了解更多有关天气的奥秘，就和我一起走进奇妙的天气世界吧！

天气是指经常不断变化着的大气状态，既是一定时间和空间内的大气状态，也是大气状态在一定时间间隔内的连续变化，所以可以理解为是天气现象和天气过程的统称。天气现象是指在大气中发生的各种自然现象，即一段时间内大气中各种气象要素（如气温、气压、湿度、风、云、雾、雨、雪、霜、雷、雹等）空间分布的综合表现。天气过程就是一定地区的天气现象随时间的变化过程。

天气知识百宝箱

• 天气现象

天气现象是指发生在大气中、地面上的一些物理现象。包括降水现象、地面凝结和冻结现象、视程障碍现象、雷电现象和其他现象等，这些现象都是在一定的天气条件下产生的。在地面气象观测中，各种天气现象均用统一的专用符号表示。

（1）降水现象：根据降水物的形态共分成 11 种，其中液态降水有雨；固态降水有雪、冰粒；还有混合型降水有雨夹雪等。此外，根据降水性质，分阵性降水、连续性降水和间歇性降水 3 种类型。

（2）地面凝结和冻结现象：包括露水、霜、雾凇、雨凇 4 种。

（3）视程障碍现象：包括雾（大雾、浓雾、轻雾）、雪暴、霾、沙尘暴（强沙尘暴、超强沙尘暴）、扬沙、浮尘。

（4）雷电现象：雷暴、闪电。

（5）其他现象：大风、飑、龙卷风、积雪、结冰等。

常见天气术语

晴天：天空无云或虽有零星云层但云量小于天空面积两成的现象。

少云：天空中有低云云量到三成或高云云量四到五成时为少云。

多云：有四到七成的低云云量或六到十成高云云量时的天空云量称为多云。

阴天：天空阴暗，密布云层，或天空中虽有云隙但仍感到阴暗（总云量八成以上），偶尔从云缝中可见到微弱阳光的天气现象。

阴有雨：降雨过程中无间断或间断不明显的现象。

阴有时有雨：降雨过程中时阴时雨、降雨有间断的现象。

间断雨：降雨时停时下或降雨强度时大时小，且在降雨强度变小或降雨停止的时间内，天空中仍云层密蔽。

阵雨：开始和停止都较突然、强度变化大的液态降水，有时伴有雷暴。

雷雨（雷阵雨）：降雨时同时出现雷暴或闪电现象。

零星小雨：雨量≤ 0.1 毫米的降雨。

冰雹：坚硬的球状、锥状或形态不规则的固态降水，雹核一般不透明，外面包有透明的冰层，或由透明的冰层与不透明的冰层相间组成。大小差异大，大的直径可达几厘米，常伴雷暴出现。

雪：固态降水，大多是白色不透明的六出分枝的星状、六角形片状结晶，常缓缓飘落，强度变化缓慢。温度较高时多成团降落。

雨夹雪：半融化的雪（湿雪），或雨和雪同时降下。

• 灾害性天气

灾害性天气是对人民生命财产有严重威胁、对工农业和交通运输业会造成重大损失或影响的天气。如大风、暴雨、冰雹、龙卷风、寒潮、霜冻、大雾等。可发生在不同季节，一般具有突发性。

天气现象

云

云的成因

人们对云并不陌生，晴朗天空里那白白的和阴雨天那乌黑的都称作云。人们常常看到天空有时碧空无云，有时白云朵朵，有时又是乌云密布。为什么天上有时有云，有时又没有云呢？云究竟是怎样形成的呢？它又是由什么组成的？我们一起来看看吧。

飘浮在天空中的云彩是由许多细小的水滴或冰晶组成的，有的是由小水滴和小冰晶混合在一起组成的。有时也包含一些较大的雨滴及冰、雪粒。它主要是由水汽凝结形成的，这些水汽主要来自于江河湖海的水面，以及土壤和动、植物的水分，蒸发到空中变成水汽。由于从地面向上十几千米大气层中，越靠近地面，温度越高，空气也越稠密；越往高空，温度越低，空气也越稀薄，所以水汽从蒸发表面进入低层大气后，因为温度的原因会在这里大量聚集，如果这些湿热的空气被抬升，温度就会逐渐降低，到了一定高度，空气中的水汽就会达到饱和。如果空气继续被抬升，就会有多余的水汽产生。如果那里的温度高于 0℃，则多余的水汽就凝结成小水滴；如果温度低于 0℃，则多余的水汽就凝结为小冰晶。在这些小水滴和小冰晶逐渐增多并达到人眼能辨认的程度时就是云了。

云的形成是空气中的水汽经由各种原因达到饱和或过饱和状态而发生凝结的过程。使空气中水汽达到饱和或过饱和状态是形成云的一个必要条件。其主要方式有：（1）水汽含量不变，空气降温冷却；（2）温度不变，增加水汽含量；（3）既增加水汽含量，又降低温度。但对云的形成来说，降温过程是最主要的过程，而降温冷却过程中又以上升运动而引起的降温冷却最为普遍。

• 云的成因分类

云形成于潮湿空气上升并遇冷时的区域。我们根据发生原因的不同将它们分成了以下类别：

锋面云：锋面上暖气团抬升成云。

地形云：当空气沿着正地面上升时形成的云。

平流云：当气团经过一个较冷的下平面时，例如一个冷的水平面而形成的云。

对流云：因为空气对流运动而产生的云。

气旋云：因为气旋中心气流上升而产生的云。

• 云的形态分类

简单来说，云主要有 3 种形态：大团的积云、大片的层云和纤维状的卷云。

而科学上云的分类最早是由法国博物学家尚拉·马克于 1801 年提出的。1929 年，国际气象组织以英国科学家卢克·霍华德 1803 年制定的云的分类法为基础，按云的形状、组成、形成原因等把云分为十大云属。而这十大云属则可按其云底高度把它们划入 3 个云族：高云族、中云族和低云族。另一种分法则将积云与积雨云从低云族中分出，称为直展云族。这里使用的云底高度仅适用于中纬度地区（除英美等国外，世界气象组织与各国一般采用国际单位制）。

• 高云族

高云形成于 6000 米以上高空，对流层较冷的部分。在这个高度的水都会凝固结晶，所以这族的云都是由冰晶体组成的。高云一般呈纤维状，薄薄的并多数较为透明。

卷云：云体具有纤维状结构，色白无影且有光泽，日出前及日落后为黄色或红色，云层较厚时为灰白色。卷云又分成4类：毛卷云：云丝分散，纤维结构清晰，状如乱丝、羽毛等；密卷云：云丝密集、聚合成片；钩卷云：云丝平行排列，顶端有小钩呈小团，类似逗号；伪卷云：已脱离母体的积雨云顶部冰晶部分，云体大而浓密，经常呈铁砧状。

卷层云：云体均匀成层，呈透明或乳白色，日、月透过云幕时轮廓分明，地物有影，常有晕环。卷层云又可分成两类：均卷层云：云幕薄而均匀，看不出明显的结构；毛卷层云：云幕的厚度不均匀，丝状纤维组织明显。

卷积云：云块很小，呈白色细鳞片状，常成行或成群，排列整齐，似微风吹过水面所引起的小波纹。

• 中云族

中云形成于 2500 米至 6000 米的高空。它们是由过度冷冻的小水点组成。它分为高层云、高积云两类。

高层云：云体均匀成层，呈灰白色或灰色，布满全天。高层云又可分成两类。透光高层云：云层较薄，厚度均匀，呈灰白色，日、月被掩盖而显得轮廓模糊，似隔一层毛玻璃。蔽光高层云：云层较厚，呈灰色，底部可见明暗相间的条纹结构，日、月被掩盖且不见其轮廓。

高积云：云块较小，轮廓分明。薄云块呈白色，能见日、月轮廓；厚云块呈灰暗色，日、月轮廓不可见。呈扁圆形、瓦块状、鱼鳞或水波状的密集云条。成群、成行、呈波状沿一个或两个方向整齐排列。高积云又可分成 6 类。透光高积云：云块较薄，个体分离，排列整齐，云缝处可见蓝天，即使无缝隙，云层薄的部分也比较明亮；蔽光高积云：云块较厚，排列密集，云块间无缝隙，日、月位置不辨；荚状高积云：云块呈白色，中间厚，边缘薄，轮廓分明，孤立分散，形如豆荚或柠檬状；堡状高积云：云块底部平坦，顶部突起成若干小云塔，类似远望的城堡；絮状高积云：云块边缘破碎，很像破碎的棉絮团；积云性高积云：云块大小不一，呈灰白色，外形略有积云特征，系由衰退的浓积云或积雨云扩展而成。

• 低云族

低云形成于 2500 米以下高空。包括层积云、层云、雨层云、积云和积雨云 5 类。其中层积云、层云、雨层云由水滴组成。大部分低云都可能下雨，雨层云还常有连续性雨、雪天气。而积云、积雨云由水滴、冷水滴和冰晶混合组成，但云顶很高。积雨云多下雷阵雨，有时伴有狂风、冰雹等。

层积云：云块一般较大，其薄厚或形状有很大差异，常呈灰白色或灰色，结构较松散。薄云块可辨出日、月位置，厚云块则较阴暗。有时零星散布，但大多成群、成行、呈波状沿一个或两个方向整齐排列。层积云又可分成 5 类。透光层积云：云块较薄，呈灰白色，排列整齐，缝隙处可以看见蓝天，即使无缝隙，云块边缘也较明亮；蔽光层积云：云块较厚，显暗灰色，云块间无缝隙，常密集成层，布满全天，底部有明显的波状起伏；积云性层积云：云块大小不一，呈灰白或暗灰色条状，顶部有积云特征，由衰退的积云或积雨云扩展而成；夹状层积云：云体扁平，常由傍晚地面发散的受热空气上升而直接形成；堡状层积云：云块顶部突起，云底连在一条水平线上，类似远处城堡。

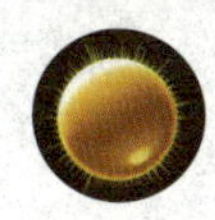

层云：云体均匀成层，呈灰色，似雾，但不与地接，常笼罩山腰。层云又可分成3类。碎层云：由层云分裂或浓雾抬升而形成的支离破碎的层云小片；雨层云：云体均匀成层，布满全天，完全遮蔽日、月，呈暗灰色，云底常伴有碎雨云，通常连续性降雨、降雪。

碎雨云：云体低而破碎，形状多变，呈灰色或暗灰色，常出现在雨层云、积雨云和蔽光高层云云底，由降水物蒸发，空气湿度增大凝结而形成。

直展云族：直展云有非常强的上升气流，所以它们可以一直从底部上升到更高处。带有大量降雨和雷暴的积雨云就可以从接近地面的高度开始，一直上升到25 000米的高空。在积雨云的底部，当下降空气中较冷的空气与上升空气中较暖的空气相遇就会形成一个个像小袋的乳状云。薄薄的幞状云则会在积雨云膨胀时于其顶部形成。

积云：个体明显，底部较平，顶部凸起，云块之间多不相连，云体受光部分洁白光亮，云体背光部分较暗。积云又可分成3类。淡积云：个体不大，轮廓清晰，

底部平坦，顶部呈圆弧形凸起，状如馒头，其厚度小于水平宽度；浓积云：个体高大，轮廓清晰，底部平而暗，顶部圆弧状重叠，似花椰菜，其厚度超过水平宽度；碎积云：个体小，轮廓不完整，形状多变，多为白色碎块，由破碎或初生积云组成。

积雨云：云浓而厚，云体庞大如高耸的山岳，顶部开始冻结，轮廓模糊，有纤维结构，底部十分阴暗，常有雨幡及碎雨云。积雨云又可分成两类。秃积雨云：云顶开始冻结，呈圆弧形重叠，轮廓模糊，但尚未向外展开；鬃积雨云：云顶有白色丝状纤维结构，并扩展成为马鬃状或铁砧状，云底阴暗混乱。

• 其他类型的云

凝结尾迹是指当喷气式飞机在高空划过时所形成的细长而稀薄的云。

夜光云非常罕见，它形成于大气层的中间层，只能在高纬度地区看到。

每一种云都有它的特殊性，但不是一成不变的。在一定条件下，这一种云可以转变为那一种云，那一种云又可以转变为另一种云。例如淡积云可以转变成浓积云，再转变成积雨云。积雨云顶部脱离成为伪卷云，云的种种形态往往预示着天气的变化，因此它们被称为天气的“招牌”。民间早就认识到可以通过观察云来预测天气变化。1802 年，英国博物学家卢克·霍华德提出了著名的云的分类法，使观云测天气更加准确。霍华德将云分为 3 类：积云、层云和卷云。这 3 类云加上表示高度的词和表示降雨的词，产生了 10 种云的基本类型。根据这些云相，人们掌握了一些比较可靠的预测未来 12 个小时天气变化的经验。比如：绒毛状的积云如果非常分散，可表示为好天气，但是如果云块扩大或有新的发展，则意味着会突降暴雨。那最轻

盈、站得最高的云，叫卷云。这种云很薄，阳光可以透过云层照到地面。卷云丝丝缕缕地飘浮着，有时像一片白色的羽毛，有时像一块洁白的绫纱。如果卷云成群、成行地排列在空中，就像微风吹过水面引起的鳞波，这就成了卷积云。卷云和卷积云都很高，那里水分少，它们一般不会带来雨、雪。还有一种像棉花团似的白云，叫积云。它们常在 2000 米左右的天空，一朵朵分散着，映着灿烂的阳光，云块四周散发出金黄色的光辉。积云都在上午出现，午后最多，傍晚渐渐消散。在晴天，我们还会偶见一种高积云。高积云是成群的扁球状的云块，排列很匀称，云块间露出碧蓝的天幕，远远望去，就像草原上雪白的羊群。卷云、卷积云、积云和高积云，都是很美丽的。

当那连绵的雨雪将要来临的时候，卷云在聚集着，天空渐渐出现一层薄云，仿佛蒙上了白色的绸幕，这种云叫卷层云。卷层云慢慢地向前推进，天气就将转阴。接着，云层越来越低，越来越厚，隔了云看太阳或月亮，就像隔了一层毛玻璃，朦胧不清。这时卷层云已经改名换姓，该叫它高层云了。出现了高层云，往往在几个钟头内便要下雨或者下雪。最后，云压得

更低，变得更厚，太阳和月亮都躲藏了起来，天空被暗灰色的云块布满了，这种云叫雨层云。雨层云一形成，连绵不断的雨、雪也就降临了。

夏天，雷雨到来之前，在天空先会看到积云。积云迅速地向上凸起，形成高大的云山，耸入天顶，就变成了积雨云。积雨云越长越高，云底慢慢变黑，云峰渐渐模糊，不一会儿，整座云山崩塌了，乌云弥漫了天空，顷刻间，雷声隆隆，电光闪闪，马上就会哗啦哗啦地下起暴雨，有时竟会带来冰雹或者龙卷风。我们还可以根据云上的色彩现象推测天气的情况。在太阳和月亮的周围，有时会出现一种美丽的七彩光圈，里层是红色的，外层是紫色的，这种光圈叫作晕。日晕和月晕常常产生在卷层云上，卷层云后面的大片高层云和雨层云是大风雨的征兆。所以有“日晕三更雨，月晕午时风”的说法。说明出现卷层云,并且伴有晕，天气就会变坏。另有一种比晕小的彩色光环，叫作“华”。颜色的排列是里紫外红，跟晕刚好相反。日华和月华大多产生在高积云的边缘部分。华环由小变大，天气趋向晴好。华环由大变小，天气可能转为阴雨。夏天，雨过天晴，太阳对面的云幕上，常会挂上一条彩色的圆弧，这就是虹。人们常说：“东虹轰隆西虹雨”。意思是说，虹在东方，就有雷无雨；虹在西方，将有大雨。还有一种云彩常出现在清晨或傍晚。太阳照到天空，使云层变成红色，这种云彩叫作霞。朝霞在西，表明阴雨天气在向我们进袭；晚霞在东，表示最近几天里天气晴朗。所以有“朝霞不出门,晚霞行千里”的谚语。

云吸收从地面散发的热量，并将其反射回地面，这有助于使地球保温。但是云同时也将太阳光直接反射回太空，这样便有降温作用。哪种作用占上风取决于云的形状和位置。

风 >

• 风的成因

形成风的直接原因，是气压在水平方向分布不均匀导致空气流动，形成风。风受大气环流、地形、水域等不同因素的综合影响，表现形式多种多样，如季风、地方性的海陆风、山谷风、焚风等。简单地说，风是空气分子的定向运动。

风向是指风吹来的方向，例如北风就是指空气自北向南流动。风向一般用 8 个方位表示。分别为：北、东北、东、东南、南、西南、西、西北。

• 常见风

阵风：当空气的流动速度不均匀时，会使风变得忽大忽小，吹在人的身上有一阵阵的感觉，这就是阵风。

旋风：当空气携带灰尘在空中飞舞形成旋涡时，这就是旋风。

焚风：当空气跨越山脊时，背风面上容易发生一种热而干燥的风，这就叫焚风。

龙卷风：龙卷风是一种相当猛烈的天气现象，由快速旋转并造成直立中空管状的气流形成。远远看去，就像一个摆动不停的大象鼻子或是一只吊在空中的巨蟒。

• 听风辨位断天气

风和云一样是判断天气的重要因素，不同的风向，不同的起风时间往往预示着不同的天气。我们的祖先很早就发现了这一点，并利用风的这一特点来安排自己的生活和生产劳动，这些经验随着时光的推移形成了一系列朗朗上口的俗语和谚语流传了下来。

“东风送湿西风干，南风吹暖北风寒”。这则谚语流传在长江中下游一带，它说明不同的风会带来冷暖干湿不同的天气。

长江中下游地区东临海洋，西连大陆，这里的风东吹西刮、南来北往，担负着交替冷暖、运送水汽的任务。东风湿、南风暖，暖湿的东南风为云雨的产生提供了丰富的水汽条件，只要一有上升的机会就会凝云致雨。所以，有“要问雨远近，但看东南风”“白天东南风，夜晚湿布衣”的说法。而西风干、北风寒，晴天刮西北风，预示着继续晴冷无雨。雨天刮西北风则预示着干冷空气已经压境，随着冷空气层的增厚，空中的云层升高变薄，不久就会云消雨散了。所以，谚语说“西北风，开天锁”。

在温带地区，地面上如有两股对吹的风，它们往往是两股规模大、范围广，温度、湿度不同的冷气流和暖气流。南风运载着暖气流，北风运载着冷气流。在它们相遇的地带，形成了锋面。锋面一带，暖气流的上升运动最为旺盛。有时暖气流势力强大，主动北袭，并凌驾于冷气流之上，向上滑升，冷却凝云。这时，天上云向（暖气流）与地上风向（冷气流）相反，“逆风行云，定有雨淋”。随着云层迅猛发展、

增厚,便形成范围广大、连绵不断的云雨了。有时，冷气流的势力比暖气流强大，它主动出击，像一把楔子直插空气下面，把暖气流抬举向上，锋面一带便出现雷雨云带。在这一带，雷鸣电闪，风狂雨骤。

锋面云雨带的生消、移动，取决于冷暖气流势力的消长。某地南风劲吹，说明该地处于锋面云雨带以南，这时暖气流势力大，天气晴暖。但是,“北风不受南风欺”,“南风吹到底，北风来还礼”,“南风吹得紧，不久起风雨”。每一次吹南风时，虽晴暖一时，却又预示着北风推动冷气流南下。所以，一旦“转了北风就要下”，就会云涌雨落。而南风刮得越久，说明暖气流积蓄的力量也越强，北方冷气流一旦南下，越容易出现势均力敌的拉锯局面，使锋面在这一地区南北摆动、徘徊不去，会形成连续的阴雨天气。因此，有“刮了长东南，半月不会干”的说法。如果冷气流势力特强，南下的冷锋云雨往往一扫而过，一下子被推到南方的海洋上。北风越猛,晴天越长久。因此,“南风大来是雨天，北风大来是晴天。”

高气压和低气压的移动，也常常通过刮风而表现出来。高气压系统控制下的晴天，如果不刮风，表明高气压系统没有

明显移动，晴天仍继续；低气压系统控制下的阴雨天，如果无风，表明低气压系统也很少移动，因而继续阴雨。长江中下游地区降水的低气压系统多由偏西方移来，所以，一年四季的雨前风向多偏东，而且呈逆时针变化，即风向由东南－东－东北变化；相反地，如果风向由东南到偏西变化，一般无雨，只有夏季地方性积雨云出现时才有可能下雨。谚语说："四季东风四季下，只怕东风刮不大"，就说明了低气压系统影响前当地的风向。还有"雨后生东风,未来雨更凶"的说法。即雨停后,仍有三四级的偏东风,这是降雨暂停的征兆,表明西边还有低气压移来，未来会下更大的雨。

一般说来，在东北风影响下开始的降雨，下的时间长，雨量也较大。如果在将要下雨或开始下雨时，风向时而东北、时而东南，这叫作"两风并一举"。预示着移来的低气压范围大、移动慢，未来必有连续阴雨天气。

在雨天，如果风向转为偏西，天气大多转晴。风向越偏西北方，风力越大，则转晴越快，晴天维持的

120
12
124
8

时间也较长。有时 西风很小，天气仍不晴，这就属于“东风雨，西风晴；西风不晴必连阴”的情况。如果在偏南或西南风里转晴，则往往晴不长，表明下次雨期将近。

有时，偏东风连刮两三天，天气仍不变，风反而越刮越紧，这种情况多在旱天出现。这时气温表现为“日暖夜寒”，人们称之为“天旱东风紧”“东风冷要旱”。当低气压系统控制本地时，东风风力不大，午后近地面常有旋风发生，预示近期天旱。“东风刮，西风扯，若要下雨得半月”。这是说，在一两天内风向时而偏东、时而偏西，预示中期内没有强大的天气系统侵入，不会有降水现象。

值得注意的是，相同的风也不一定会出现相同的天气。看风识天气还得看具体条件。

首先要看季节。在夏季，暖气流强于冷气流，东南风一吹，冷气流被推向北方。这时长江中下游地区在单一的暖气流控制下，空气缺乏上升运动的条件，所以有“一年三季东风雨，独有夏季东风晴”的说法。要是在太平洋副热带高压的稳定控制下，盛行夏季风。夏季风虽然是来自东南海洋，但高气压控制下的气流稳定，天气晴热少雨，于是有“东南风，燥烘烘”。如果夏季吹西北风，反而预示下雨，所以有“冬西晴，夏西雨”，“夏雨北风生”的谚语。

在冬季，冷气流强于暖气流，西北风常把暖气流推向南方海洋。这时长江中下游地区在单一的冷气流控制下，天气晴朗，正像谚语所说的“秋后西北田里干”“春西北，晒破头；冬西北，必转晴”。如果这时刮起东南风，但刮不长，这就是“南风吹到底，北风来还礼”，预示暖气流影响到本地，天将变阴，“要问雨远近，但看东南风”。

其次要看风速。谚语说得好，“东风有雨下，只怕太文雅”，只有“东风昼夜吼”，才能“风狂又雨骤”；只有“东南紧一紧”，才能“下雨快又狠”。冬天和旱天，偏东风要刮两三天才能有雨。如果风力达到五六级，则刮一两天就可能下雨。而在初夏和多雨期，只要东南风刮一阵就会下雨。

另外，“风是雨的头，风狂雨即收”。阵雨前，往往是风打头阵，先刮风，随后才下雨。雨停的时候也是风先增大，然后雨再停，即“狂风遮猛雨”。这种现象都是在积雨云下发生的。因为积雨云下快接近雨区时先有风，然后下雨，待风大雨大时，雨区很快就过去了。

第三要注意地方性。必须区别“真风”和“假风”。在一般情况下，风向风速都有各地不同的日变化规律。这种正常的日变化规律并不影响天气系统，人们称为“假风”。只有风向稳定在某个方向，风力逐渐增大，才是能预兆天气变化的“真风”。一般“真风”要从早刮到晚，从傍晚刮到午夜；特别是夜风，对于预测天气的晴朗转折效果更好。至于地方性的山谷风也属于“假风”，不能用来预测天气。

火烧赤壁——诸葛亮巧借东风挫曹操

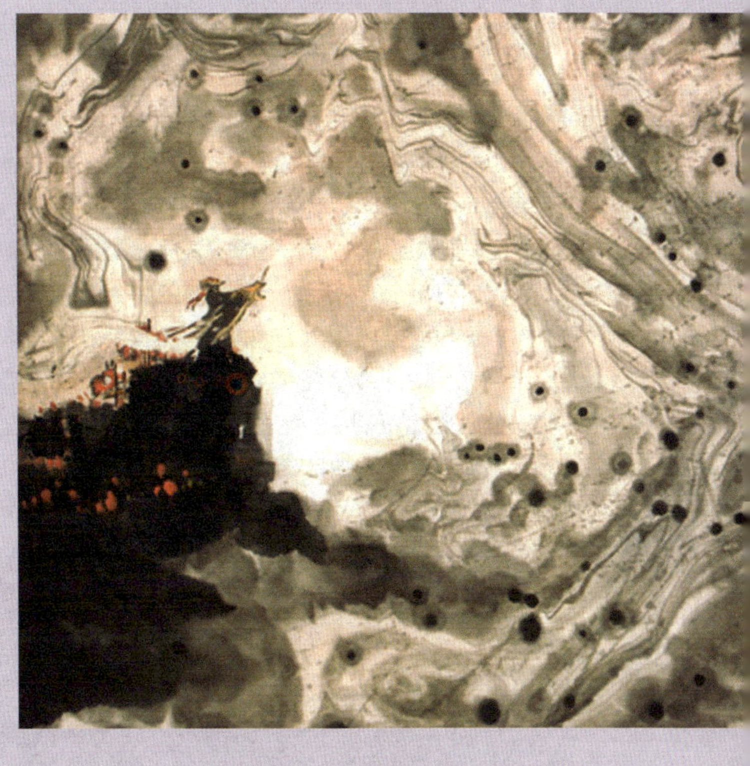

公元 2 世纪末，东汉中央集权政府衰落，经过长期的军阀混战，曹操、刘备和孙权分别占据了中原、巴蜀和江东地区，而曹操的势力最强大。公元 208 年，曹操挥师南下，打败刘备，占领了军事重地荆州的大部分地区，迫使刘备退守夏口（今湖北汉口）。曹操妄想一举消灭刘备，同时吞并孙权占据的江东地区，刘备和孙权决定联合抗曹。当时曹操率领 20 多万大军从江陵（今属湖北）沿江东，直逼夏口。孙、刘联军 5 万人逆流北上，双方在赤壁（今湖北武昌西赤矶山）相遇。曹操的士兵都是北方人，不会水战，初战失利，于是曹操退驻江北，与孙、刘联军隔江对峙。曹操吃了败仗，便任命投降的荆州将军蔡瑁和张允训练北方士兵学习水上作战，初见成效。为孙权统兵的都督周瑜担心曹军在蔡瑁、张允的训练下，学会水上作战，于是巧妙地使用离间计，曹操中计上当，误信蔡瑁和张允是潜伏在曹军的奸细，将二人杀了。

周瑜与刘备的军师诸葛亮商量，觉得曹操人马众多，军容整齐，如果正面交战，孙、刘联军无法取胜，于是他们决定采取火攻，并安排了一系列的计策。一天，周瑜召集手下大将商量进攻曹操，老将黄盖认为对方太强大了，不如干脆投降。周瑜大怒，命令手下打了黄盖五十军棍。黄盖被责打后，派人送信给曹操，表示要投奔曹操。此时，埋伏在周瑜军营里的曹军奸细也传回周瑜责打黄盖的信息，曹操相信了黄盖真的要来投降，非常高兴。这时，闻名天下的军事家庞统也来拜见曹操，曹操高兴异常，立刻向庞统请教一个他正发愁的问题。原来曹操的士兵都是北方人，不会水战，而且对南方水土不服，经常生病。庞统说："这有什么难的？只要把大小船只搭配，把30只或者50只船，头尾相连，用铁索锁住，上面铺上木板，就可以了。"曹操迅速依法行事。果然，曹操的战船用铁索相连后，冲波激浪，一点也不颠簸。兵士们在船上使枪弄刀，像陆地上一样，一点也不觉得晕眩。曹操大喜，可是谋士却说："战船连锁固然是好，可是对方若用火攻，怕难以逃避。"曹操听了哈哈大笑，说："不必担心。我们在北边，他们在南边。现在是冬季，只有西北风，哪里有东南风？他们如果用火攻，岂不是烧了自己？"大家都夸曹操有见识，于是放松了警惕。

谁知11月20日，突然刮起了东南风。刘备的军师诸葛亮善观气象，早就和周瑜作好了准备。这时，曹操收到黄盖派人送来的信，约好来投降。曹操带了将领站在船头等候。果然看见黄盖领着十多只小船，顺风驶来，曹操非常得意。十几只小船趁着风势，很快就到了曹操的战船前。黄盖手一招，小船顿时燃起大火，原来船上全是柴草、油脂等易燃之物。着火的小船借着东南风，直撞入曹操的战船营里，曹操的战船立刻着起火来，因被铁链锁住，无法脱逃，登时成了一片火海。曹操急忙弃船上岸，谁知岸上屯放粮草的军营也被周瑜事先埋伏的士兵烧了。孙刘联军乘势猛攻，曹军大败，曹操狼狈突围，逃回北方。

雾 〉

- 雾的成因

雾形成的条件一是冷却，二是加湿，三是有凝结核。有一种雾是由辐射冷却形成的，多出现在晴朗、微风、近地面水汽比较充沛且比较稳定或有逆温存在的夜间和清晨，气象上叫辐射雾；另一种是暖而湿的空气做水平运动，经过寒冷的地面或水面，逐渐冷却而形成的雾，气象上叫平流雾；有时兼有两种原因形成的雾叫混合雾。可以看出，具备这些条件的只有深秋初冬，尤其是深秋初冬的早晨。

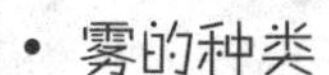

• 雾的种类

1. 辐射雾

多出现在晴朗、微风、近地面水汽比较充沛且比较稳定或有逆温存在的夜间和清晨。

2. 平流雾

暖而湿的空气进行水平运动，经过寒冷的地面或水面，逐渐冷却而形成的雾，气象上叫平流雾。

3. 蒸发雾

即冷空气流经温暖水面，如果气温与水温相差很大，则因水面蒸发大量水汽，在水面附近的冷空气便发生水汽凝结现象形成雾。这时雾层上往往有逆温层存在，否则对流会使雾消散。所以蒸发雾范围小，强度弱，一般发生在下半年的水塘周围。

4. 上坡雾

这是潮湿空气沿着山坡上升，绝热冷却使空气达到过饱和而产生的雾。这种潮湿空气必须稳定，山坡坡度必须较小，否则形成对流，雾就难以形成。

5. 锋面雾

经常发生在冷、暖空气交界的锋面附近。锋前锋后均有，但以暖锋附近居多。锋前雾是由于锋面上面暖空气云层中的雨滴落入地面冷空气内，经蒸发，使空气达到过饱和而凝结形成；而锋后雾，则由暖空气移至原来暖锋前冷空气占据过的地区，经冷却达到过饱和而形成的。因为锋面附近的雾常跟随着锋面一道移动，军事上就常常利用这种锋面雾来掩护部队，向敌人发起突然袭击。

6. 混合雾

有时兼有以上两种原因形成的雾叫混合雾。

7. 烟雾

通常所说的烟雾是烟和雾同时构成的

固、液混合态气溶胶，如硫酸烟雾、光化学烟雾等。城市中的烟雾是另一种原因所造成的，那就是人类的活动。早晨和晚上正是供暖锅炉的高峰期，大量排放的烟尘悬浮物和汽车尾气等污染物在低气压、风力小的条件下，不易扩散，与低层空气中的水汽相结合，比较容易形成烟尘（雾），而这种烟尘（雾）持续时间往往较长。

雾消散的原因，一是由于下地面的增温，雾滴蒸发；二是风速增大，将雾吹散或抬升成云；再有就是湍流混合，水汽上传，热量下递，近地层雾滴蒸发。

雾持续时间的长短，主要和当地气候的干湿有关：一般来说，干旱地区多短雾，多在 1 小时以内消散，潮湿地区则以长雾最多见，可持续 6 小时左右。

• 看雾知天气

雾是千变万化的，纷繁复杂的，但不外乎辐射雾、平流雾两大类。现象虽多，本质都是一个：水汽遇冷凝结而成。有时雾出预报晴，有时雾出预报雨，似乎混乱不堪，但是只要掌握了辐射雾、平流雾的特征，多方观察，仔细分析，就能准确地抓住雾与天晴、落雨的规律并预测天气了。这对于农业、交通、航空、航海都有用处。

雾与未来天气的变化有着密切的关系。自古以来，我国劳动人民就认识这个道理了，并反映在许多民间谚语里。如："黄梅有雾，摇船不问路。"这是说春夏之交的雾是雨的先兆，故民间又有"夏雾雨"的说法。又如："雾大不见人，大胆洗衣裳。"这是说冬雾兆晴，秋雾也如此。

准确地看雾知天气，还必须看雾持续的时间。辐射雾是由于天气受冷，水汽凝结而成，所以白天温度一升高，就雾消云散，天气晴好；反之，"雾不散就是雨"。雾若到白天还不散，第二天就可能是阴雨天了，因此俗语说："大雾不过晌，过晌听雨响。"

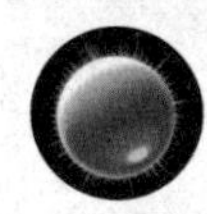

为什么同样是雾，有的兆雨，有的兆晴呢？这要从气象学的知识里得到解释。只要低层空气中的水汽含量较多时，赶上夜间温度骤降，水汽就会凝结成雾。雾有辐射雾，即在较为晴好、稳定的情况下形成的雾。只要太阳出来，温度升高，雾就自然消失。对此，民间的说法是："清晨雾色浓，天气必久晴""雾里日头，晒破石头""早上地罩雾，尽管晒稻"。人们见辐射雾，往往"十雾九晴"，所以得出这些说法。

秋、冬季节，北方的冷空气南下后，随着天气转晴和太阳的照射，空气中水分的含量逐渐增多，容易形成辐射雾，因此秋、冬的雾往往能预报明天的好天气。

春、夏季节的雾便不同了，它大多来自海上的暖湿气流，碰到较冷的地面，下层空气也变冷，水汽就凝结成雾了，这种雾叫平流雾。它是海上的暖空气侵入大陆，突然遇冷而形成的。这些暖气流与大陆的冷气流相遇，自然就阴雨绵绵了。所以春、夏雾预示着天气阴雨。

雾与天气的关系如此密切，故可以看雾知天气了。不过，上述的关于辐射雾、平流雾的解释只是就大体情况而言的。雾与天气的关系并不如此简单，还有许多复杂的内容，因此不能生搬硬套，而要具体情况具体分析。也就是说，要想准确地看雾知天气，还要进行多方面观察、分析，进行综合判断。

草船借箭——诸葛亮巧用大雾挫周瑜

周瑜看到诸葛亮挺有才干，心里很妒忌。有一天，周瑜请诸葛亮商议军事，说：“我们就要跟曹军交战。水上交战，用什么兵器最好？”诸葛亮说：“用弓箭最好。”周瑜说：“对，先生跟我想的一样。现在军中缺箭，想请先生负责赶造10万支。这是公事，希望先生不要推却。”诸葛亮说：“都督委托，当然照办。不知道这10万支箭什么时候用？”周瑜问：“10天造得好吗？”诸葛亮说：“既然就要交战，10天造好，必然误了大事。”周瑜问：“先生预计几天可以造好？”诸葛亮说：“只要3天。”周瑜说：“军情紧急，可不能开玩笑。”诸葛亮说：“怎么敢跟都督开玩笑。我愿意立下军令状，3天造不好，甘受惩罚。”周瑜很高兴，叫诸葛亮当面立下军令状，又摆了酒席招待他。诸葛亮说：“今天来不及了。从明天起，到第三天，请派500个军士到江边来搬箭。”诸葛亮喝了几杯酒就走了。

鲁肃对周瑜说：“10万支箭，3天怎么造得成呢？诸葛亮说的是假话吧？”周瑜说：“是他自己说的，我可没逼他。我得吩咐军匠们，叫他们故意迟延，造箭用的材料，不给他准备齐全。到时候造不成，定他的罪，他就没话可说了。你去探听探听，看他怎么打算，回来报告我。”

鲁肃见了诸葛亮。诸葛亮说：“3天之内要造10万支箭，得请你帮帮我的忙。”鲁肃说：“都是你自己找的，我怎么帮得了你的忙？”

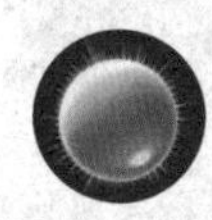

诸葛亮说："你借给我 20 条船，每条船上要 30 名军士。船用青布幔子遮起来，还要 1000 多个草靶子，排在船的两边，我自有妙用。第三天保证有 10 万支箭。不过不能让都督知道。他要是知道了，我的计划就完了。"

鲁肃答应了。他不知道诸葛亮借了船有什么用，回来报告周瑜，果然不提借船的事，只说诸葛亮不用竹子、翎毛、胶漆这些材料。周瑜疑惑起来，说："到了第三天，看他怎么办！"

鲁肃私自拨了 20 条快船，每条船上配 30 名军士，照诸葛亮说的，布置好青布幔子和草靶子，等诸葛亮调度。第一天，不见诸葛亮有什么动静；第二天，仍然不见诸葛亮有什么动静；直到第三天四更时分，诸葛亮秘密地把鲁肃请到船里。鲁肃问他："你叫我来做什么？"诸葛亮说："请你一起去取箭。"鲁肃问："哪里去取？"诸葛亮说："不用问，去了就知道。"诸葛亮吩咐把 20 条船用绳索连接起来，朝北岸开去。

周瑜

这时候大雾漫天，江上连面对面都看不清。天还没亮，船已经靠近曹军的水寨。诸葛亮下令把船尾朝东，一字儿摆开，又叫船上的军士一边擂鼓，一边大声呐喊。鲁肃吃惊地说："如果曹兵出来，怎么办？"诸葛亮笑着说："雾这样大，曹操一定不敢派兵出来。我们只管饮酒取乐，天亮了就回去。"

曹操听到鼓声和呐喊声，就下令说："江上雾很大，敌人忽然来攻，我们看不清虚实，不要轻易出动。只叫弓弩手朝他们射箭，不让他们近前。"他派人去旱寨调来6000名弓弩手，到江边支援水军。1 万多名弓弩手一齐朝江中放箭，箭好像下雨一样。诸葛亮又下令把船掉过来，船头朝东，船尾朝西，仍旧擂鼓呐喊。天渐渐亮了，雾还没有散。这时候，船两边的草靶子上都插满了箭。诸葛亮吩咐军士们齐声高喊"谢谢曹丞相的箭！"接着叫 20 条船驶回南岸。曹操知道上了当，可是这边的船顺风顺水，已经驶出 20 多里，要追也来不及了。

二 20 条船靠岸的时候，周瑜派来的 500 个军士正好来到江边搬箭。每条船大约有五六千支箭，20 条船总共有 10 万多支，鲁肃见了周瑜，告诉他借箭的经过。周瑜长叹一声，说："诸葛亮神机妙算，我真比不上他呀！"

雨 >

• 雨的成因

雨是从云中降落的水滴，陆地和海洋表面的水蒸发变成水蒸气，水蒸气上升到一定高度后遇冷变成小水滴，这些小水滴形成了云，它们在云里互相碰撞，合并成大水滴，当它大到空气托不住的时候就从云中落了下来，形成了雨。

• 雨的分类

雨的分类首先要看以什么为标准进行划分的：

1. 按照降水的成因：对流雨、锋面雨、地形雨、台风雨（气旋雨）。

2. 按照降水量的大小：小雨、中雨、大雨、暴雨。

3. 按照降水的形式：降雪、降雨、冰雹。

4. 雨量等级划分标准：日降水量在 0～10 毫米之间为小雨；在 10～25 毫米之间为中雨；在 25～50 毫米之间为大雨；在 50～100 毫米之间为暴雨；100～200 毫米之间为大暴雨；大于 200 毫米的为特大暴雨。

• 雷阵雨

雷阵雨是一种天气现象，表现为大规模的云层运动，比阵雨要剧烈得多，还伴有放电现象，常见于夏季。雷阵雨来时，往往会出现狂风大作、雷雨交加的天气现象。大风来时飞沙走石，掀翻屋顶吹倒墙。风雨之中，街上的东西随风起舞，飞得到处都是，甚至还会连根拔起大树。在中国，雷雨大多发生在5—8月份温高湿重的天气中。在春、秋两季主要发生在江南地区，冬季最少，10月以后，长江以北广大地区出现雷阵雨天气几率较小。

• 雷雨成因

夏季，太阳光直射使地面上的水蒸发得比冬、春、秋都快。贴近地面的空气因温度较高，能够接纳更多的水汽，导致空气的密度减小，空气变轻，变轻了的空气不停地上升。随着海拔高度的增加，温度会逐渐下降（每上升100米，气温降低0.6摄氏度），空气也就渐渐凉下来。空气凉了，就无法容纳原先的水汽，一部分水汽就会凝结成小水滴，天空就会起云。那么，这些小水滴为什么不迅速落下来成为雨呢？这是因为小水滴太小，上升的热气流托住了它们，并把悬浮着的小水滴不停地往更高处推。云就堆得越大越高，这样的云，气象上叫积雨云，其云底离地面约1000米。

当积雨云内的小水滴不断碰撞合并成较大的小水滴时，开始往下落，而从地面上升的热空气却一个劲往上冲，两者之间摩擦后就带上了电荷。上升的气流带正电荷，下落的水滴带负电荷。随着时间的推移，积雨云的顶部积累了大量的正电荷，底部则积聚许多负电荷。地面因受积雨云底部负电荷的感应，也带上了正电荷。

云中水滴合并增大，直到上升热气流托不住了，就从云中直掉下来。下层的热气流给雨一淋，骤然变冷，不再上冲，转而向地面扑下来。此时，空中的电荷开始放电，并伴随着轰隆隆的雷声。因电闪以30万千米/秒的光速传播，雷是以331米/秒的声速传播，故人们先看到电光然后才听到雷响。有时候雷声的时间拖得很长，那是云层、山峰及地面把雷声来回反射所致。

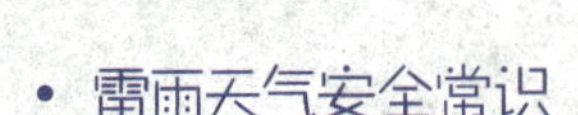

• 雷雨天气安全常识

1. 雷雨闪电时，不要拨打和接听电话，应拔掉电话线插头。手机可以正常使用，但是一般尽量不要在户外或室内靠近窗户的位置接打手机。

2. 雷雨闪电时，不要开电视机、电脑、VCD 机等，应拔掉一切电源插头，以免伤人及损坏电器。

3. 不要站在电灯泡下，不要冲凉洗澡。

4. 尽量不要出门，若必须外出，最好穿胶鞋，披雨衣，可起到对雷电的绝缘作用。

5. 尽量不要开门、开窗，防止雷电直击室内。

6. 乘坐汽车等遇到打雷闪电，不要将头或手伸出窗外。

7. 在雷雨较大时要远离树木，尽量不要大跨步跑动，可以选择建筑物躲雨，但不宜选择车内躲雨。

8. 不要把晾晒衣服被褥的铁丝，拉接到窗户及门上。

9. 不要穿戴湿的衣服、帽子、鞋子等在大雷雨下走动。对突来雷电，应立即下蹲降低自己的高度，同时将双脚并拢，以减少跨步电压带来的危害。

10. 闪电打雷时，不要接近一切电力设施，如高压电线、变压器等。

• 暴雨的形成

暴雨形成的过程是相当复杂的，一般从宏观物理条件来说，产生暴雨的主要物理条件是充足的源源不断的水汽、强盛而持久的气流上升运动和大气层结构的不稳定。大中小各种尺度的天气系统和下地面特别是地形的有利组合可产生较大的暴雨。引起中国大范围暴雨的天气系统主要有锋、气旋、切变线、低涡、槽、台风、东风波和热带辐合带等。此外，在干旱与半干旱的局部地区热力性雷阵雨也可造成

短历时、小面积的特大暴雨。

暴雨常常是从积雨云中落下的。形成积雨云的条件是大气中要含有充足的水汽，并有强烈的上升运动，把水汽迅速向上输送，云内的水滴受上升运动的影响不断增大，直到上升气流托不住时，就急剧地降落到地面。

积雨云体积通常相当庞大，一块块的积雨云就是暴雨区中的降水单位，虽然每块单位水平范围只有 1～20 千米，但它们排列起来，可形成 100～200 千米宽的雨带。一团团的积雨云就像一座座的高山峻岭，强烈发展时，从离地面 0.4～1 千米高处一直伸展到 10 千米以上的高空。越往高空，温度越低，常达零下十几摄氏度，甚至更低，云上部的水滴就要结冰，人们在地面用肉眼看到云顶的丝缕状白带，正是高空的冰晶、雪花飞舞所致。地面上是大雨倾盆的夏日，高空却是白雪纷飞的严冬。

中国气象上规定，24 小时之内，降水量达到 50～99.9 毫米的为暴雨，100～199.9 毫米的为大暴雨，超过 200 毫米的为特大暴雨。暴雨常常是从积雨云中落下的。积雨云内上升气流非常强烈，垂直速度可达 20～30 米 / 秒，最大可达 60 米 / 秒，比台风的风速还要大。

在中国，暴雨的水汽一是来自偏南方向的南海或孟加拉湾；二是来自偏东方向的东海或黄海。有时在一次暴雨天气过程中，水汽同时来自东、南两个方向，或者前期以偏南为主，后期又以偏东为主。中国中原地区流传“东南风，雨祖宗”，正是降水规律的客观反映。

大气的运动和流水一样，常产生波动或旋涡。当两股来自不同方向或不同的温度、湿度的气流相遇时，就会产生波动或旋涡。大的可达几千千米，小的只有几千米。在这些有波动的地区，常伴随气流运行出现上升运动，并产生水平方向的水汽迅速向同一地区集中的现象，形成暴雨中心。

另外，地形对暴雨形成和雨量大小也有影响。例如，由于山脉的存在，在迎风坡迫使气流上升，从而垂直运动加大，暴雨增大；而在山脉背风坡，气流下沉，雨量大大减小，有的背风坡的雨量仅是迎风坡的 1/10。在 1963 年 8 月上旬，从南海有一股湿空气输送到华北，这股气流恰与太行山相交，受山脉抬升作用的影响，导致沿太行山东侧出现历史上罕见的特大暴雨。

山谷的狭管作用也能使暴雨加强。1975 年 8 月 4 日，河南的一次特大暴雨，其中心林庄正处在南、北、西三面环山，而向东逐渐形成喇叭口地形之中，这样的地形，气流上升速度增大，雨量骤增，8 月 5—7 日降水量达 1600 多毫米，而距林庄东南不到 40 千米地处平原区的驻马店，在同期只有 400 多毫米。暴雨产生时，一般低层空气暖而湿，上层的空气干而冷，致使大气层处于极不稳定状态，有利于大气中能量释放，促使积雨云充分发展。

• 暴雨

暴雨是降水强度很大的雨，雨势倾盆。一般指每小时降雨量 16 毫米以上，或连续 12 小时降雨量 30 毫米以上，或连续 24 小时降雨量 50 毫米以上的降水。

中国气象上规定，24 小时降水量为 50 毫米或以上的雨称为“暴雨”。按其降水强度大小又分为 3 个等级，即 24 小时降水量为 50～99.9 毫米称“暴雨”；100～200 毫米以下为“大暴雨”；200 毫米以上称“特大暴雨”。

由于各地降水和地形特点不同，所以各地暴雨洪涝的标准也有所不同。特大暴雨是一种灾害性天气，往往造成洪涝灾害和严重的水土流失，导致工程失事、堤防溃决和农作物被淹等重大的经济损失。特别是对于一些地势低洼、地形闭塞的地区，雨水不能迅速宣泄造成农田积水和土壤水分过度饱和，会造成更严重的灾害。

世界上最大的暴雨出现在南印度洋上的留尼汪岛，24 小时降水量为 1870 毫米。中国最大暴雨出现在台湾省新寮，24 小时降水量为 1672 毫米，均是热带气旋活动引起的。中国是多暴雨国家之一，几乎各省(市、区)均有出现。主要集中在夏半年。暴雨日数的地域分布呈明显的南方多北方少，沿海多内陆少，迎风坡侧多背风坡侧少的特征。台湾山地的年暴雨日达 16 天以上，华南沿海的东兴、阳江、汕尾及江淮流域一些地区在 10 天以上，而西北地区平均每年不到 1 天。

• 中国暴雨分布地域

中国是多暴雨的国家，除西北个别省区外，几乎都有暴雨出现。冬季暴雨局限在华南沿海，4—6 月间，华南地区暴雨频频发生。6—7 月间，长江中下游常有持续性暴雨出现，历时长、面积广、暴雨量也大。7—8 月是北方各省的主要暴雨季节，暴雨强度很大。8～10 月雨带又逐渐南撤。夏秋之后，东海和南海台风暴雨十分活跃，台风暴雨的降雨量往往很大。中国属于季风气候，从晚春到盛夏，北方冷空气且战且退。冷暖空气频繁交汇，形成一场场暴雨。中国大陆上主要雨带位置亦随季节由南向北推移。华南（两广、闽、台）是中国暴雨出现最多的地区。从 4—9 月都是雨季。6 月下半月—7 月上半月，通常为长江流域的梅雨期暴雨。7 月下旬雨带移至黄河以北，9 月以后冬季风建立，雨带随之南撤。由于受夏季风的影响，中国暴雨日及雨量的分布从东南向西北内陆减少，山地多于平原。而且东南沿海岛屿与沿海地区暴雨日最多，越向西北越减少。在西北高原每年平均只有不到一天的暴雨。太行山、大别山、南岭、武夷山等东南面或东面的坡地，都是这些地区暴雨日的中心。

• 暴雨危害

暴雨来得快，雨势猛，尤其是大范围持续性暴雨和集中的特大暴雨，它不仅影响工农业生产，而且可能危害人民的生命，造成严重的经济损失。

暴雨的危害主要有两种：一是渍涝危害。由于暴雨急而大，排水不畅易引起积水成涝，土壤孔隙被水充满，造成陆生植物根系缺氧，使根系生理活动受到抑制，加强了嫌气过程，产生有毒物质，使作物受害而减产。二是洪涝灾害。由暴雨引起的洪涝淹没作物，使作物新陈代谢难以正常进行而发生各种伤害，淹水越深，淹没时间越长，危害越严重。特大暴雨引起的山洪暴发、河流泛滥，不仅危害农作物、果树、林业和渔业，而且还冲毁农舍和工农业设施，甚至造成人畜伤亡，经济损失严重。中国历史上的洪涝灾害，几乎都是由暴雨引起的，像 1954 年 7 月长江流域大洪涝，1963 年 8 月河北的洪水，1975 年 9 月河南大涝灾，1998 年中国全流域特大洪涝灾害等都是由暴雨引起的。

• 暴雨预警信号

暴雨预警信号分四级，分别以蓝色、黄色、橙色、红色表示。

• 暴雨蓝色预警信号

标准：12 小时内降雨量将达 50 毫米以上，或者已达 50 毫米以上且降雨可能持续。

防御指南：一、政府及相关部门按照职责做好防暴雨准备工作；二、学校、幼儿园采取适当措施，保证学生和幼儿安全；三、驾驶人员应当注意道路积水和交通阻塞，确保安全；四、检查城市、农田、鱼塘排水系统，做好排涝准备。

• 暴雨黄色预警信号

标准：6 小时内降雨量将达 50 毫米以上，或者已达 50 毫米以上且降雨可能持续。

防御指南：一、政府及相关部门按照职责做好防暴雨工作；二、交通管理部门应当根据路况在强降雨路段采取交通管制措施，在积水路段实行交通引导；三、切断低洼地带有危险的室外电源，暂停在空旷地方的户外作业，转移危险地带人员和危房居民到安全场所避雨；四、检查城市、农田、鱼塘排水系统，采取必要的排涝措施。

• 暴雨橙色预警信号

标准：3 小时内降雨量将达 50 毫米以上，或者已达 50 毫米以上且降雨可能持续。

防御指南：一、政府及相关部门按照职责做好防暴雨应急工作；二、切断有危险的室外电源，暂停户外作业；三、处于危险地带的单位应当停课、停业，采取专门措施保护已到校学生、幼儿和其他上班人员的安全；四、做好城市、农田的排涝，注意防范可能引发的山洪、滑坡、泥石流等灾害。

• 暴雨红色预警信号

标准：3 小时内降雨量将达 100 毫米以上，或者已达 100 毫米以上且降雨可能持续。

防御指南：一、政府及相关部门按照职责做好防暴雨应急和抢险工作；二、停止集会、停课、停业（除特殊行业外）；三、做好山洪、滑坡、泥石流等灾害的防御和抢险工作。

雪 >

• 雪的成因

水汽想要结晶，形成降雪必须具备两个条件：一个条件是水汽饱和；另一个条件是空气里必须有凝结核。

• 屋子里也会下雪？

雪都是从天空中降落下来的，怎么会有不是在天空里凝结的雪花呢？1779 年冬天，俄国圣彼得堡的一家报纸，报道了一件十分有趣的新闻。这则新闻说，在一次舞会上，由于人多，又有成千支蜡烛的燃烧，使得舞厅里又热又闷，那些身体欠佳的夫人、小姐们几乎要在欢乐之神面前昏倒了。这时，有一个年轻男子跳上窗台，一拳打破了玻璃。于是，舞厅里意想不到地出现了奇迹，一朵朵美丽的雪花随着窗外寒冷的气流在大厅里翩翩起舞，飘落在闷热得发昏的人们的头发和手上。有人好奇地冲出舞厅，想看看外面是不是下雪了。令人惊奇的是天空星光灿烂，月亮银光如水。

那么，大厅里的雪花是从哪儿飞来的呢？这真是一个使人百思不解的问题。莫非有人在耍什么魔术？可是再高明的魔术师，也不可能在大厅里耍出雪花来。

后来，科学家解开了这个谜。原来，舞厅里由于许多人的呼吸饱含了大量水汽，蜡烛的燃烧又散布了很多凝结核。当窗外的冷空气破窗而入的时候，迫使大厅里的饱和水汽立即凝华结晶，变成雪花了。因此，只要具备下雪的条件，屋子里也会下雪的。

• 飘雪的形成

障碍物以及空气紊乱降低了风速，风力愈大，雪在城市间的穿越时速度下降的幅度越大。这种风速上的降低影响了雪的降落。如果雪是由直接吹向建筑物的风带来，一部分雪就会黏附在建筑物的墙壁上，不过这并不是主要的影响。如果风把雪直接贴到墙上，墙的表面或许会形成厚厚的相当平整的雪层。然后，墙壁上的雪会因为自身的重量而下落，渐渐地沿墙滑落之后会形成一个斜坡。当然，这并不是发生的事实。雪堆积在墙脚并非是由于它们沿着建筑侧面降落，墙脚其实是雪首先着陆的地方。风由于吹动而减少了自身的能量，风能够携带的任何物体的量取决于它有多大的能量。在这一点上风就像河流。一条快速流动的河流携带着淤泥、沙子和小块的石子，一场大雨之后，河水会变得浑浊，那是因为河流此时携带了大量的泥土。当河流减慢，能量降低，较重的物质就会沉到河底。河流再也不能带走它们，随着能量的降低越来越多的物质沉下来，最重的物质最先沉到底部。相似的是，当风的能量失去，它也会开始把它的携带物降落下来。

载雪的风失去能量的地方，就有飘雪形成。当它撞到了建筑物表面的时候风就会因转向而失去能量。因此，可以预言的是，风会在建筑物的底下降下它所裹挟的雪。这就是雪喜欢在房子的一侧堆积的原

因，所以在一场彻夜的大雪之后，你也许不得不从自己的门前挖出一条道路走出家门。

在墙壁和飘雪之间，通常还有一条窄缝，那里的雪较薄。当风撞到墙上，它呈一条曲线状转向，沿墙面而下，然后又离开墙壁，结果大部分的雪降落在同墙壁之间还有一点距离的地方。如果墙低，一些风会越过墙的上部从背风的一面旋转而下。这同样会引起相对薄的雪在墙脚堆积，而更厚的雪则与墙脚有一点距离。道路也会被雪阻隔。飘雪覆盖了本来高出于两边陆地的道路，结果，道路消失了。因此，一些地方针对暴风雪设有较高的柱子标明道路，以帮助旅行者和扫雪车司机认出道路的路线。在道路的表面与两边的地面处于同一高度的地方，能量减弱的旋风将更多的雪堆积在道路上，而不是其他地方，并开始在顺风的一面形成了飘雪。下凹的道路大部分时间都可能被雪覆盖，当春天

解冻时飘雪可以坚持好几个星期，时间远远长于无所遮蔽的地面上的积雪。

狂风驱动的暴风雪可以引起很深的积雪，但是轻风也能做到这一点。风开始时伴随的能量越小，这能量就越容易减弱。在无风的空气中，雪垂直降落，每一个裸露的地表都会覆盖上等量的雪。在一些条件下，飘雪仍会形成，不过这并不多见。通常的情况是：存在着一定的气流运动，雪呈一定的角度垂直降落。当雪遇到障碍物，轻风并未减少多少能量，雪就会堆积。

长寿的“秘诀”之一雪水洗澡

冬季，大雪纷飞，苍茫无际。人们在观赏琼花玉树之时，往往忽视了雪的作用。雪对人体健康有很多好处。《本草纲目》早有记载，雪水能解毒，治瘟疫。民间有用雪水治疗火烫伤、冻伤的药方。经常用雪水洗澡，不仅能增强皮肤与身体的抵抗力，减少疾病，而且能促进血液循环，增强体质。如果长期饮用洁净的雪水，可延年益寿。这是那些深山老林中长寿老人长寿的“秘诀”之一。

雪为什么有如此神奇的功能呢？因为雪水中所含的重水比普通水中所含重水要少1/4。重水能严重地抑制生物的生命。有人做过试验，鱼类在含重水30%～50%的水中很快就会死亡。雨雪形成最基本的条件是大气中要有“凝结核”存在，而大气中的尘埃、煤粒、矿物质等固体杂质则是最理想的凝结核。如果空气中水汽、温度等气象要素达到一定条件时，水汽就会在这些凝结核周围凝结成雪花。所以，雪花能大量清洗空气中的污染物质。因此每当一次大雪过后空气就显得格外清新。

据测定，一般新雪的密度每立方厘米为0.05～0.10克。所以，地面积雪对声波的反射率极低，能吸收大量音波，为减少噪声作出贡献。

• 雪的保温作用

“瑞雪兆丰年”“冬天麦盖三层被，来年枕着馒头睡。”是我国广为流传的谚语。这话是有科学道理的。我们都知道，冬天穿棉袄很暖和，穿棉袄为什么暖和呢？这是因为棉花的孔隙度很高，棉花孔隙里充填着许多空气，空气的导热性能很差，这层空气阻止了人体的热量向外扩散。覆盖在地球胸膛上的积雪很像棉花，雪花之间的孔隙度很高，就是钻进积雪孔隙的空气，保护了地面温度不会降得很低。当然，积雪的保温功能是随着它的密度而随时在变化着的。这很像穿着新棉袄特别暖和，旧棉袄就不太暖和的情况一样。新雪的密度低，贮藏在里面的空气就多，保温作用就显得特别强。到春天融雪后期，积雪孔隙度被水浸入，这时它的导热系数就更接近于水了，积雪的保温作用便趋于消失。

• 雪崩的危害

人类的短跑世界冠军，不过每秒钟跑 11 米；动物界的短跑冠军猎豹在追捕猎物时出现的闪电般的速度，不过每秒钟跑 30.5 米；十二级的强大台风，不过每秒钟跑 32.5 米。但是雪崩能够达到每秒钟 97 米的惊人速度。如 1970 年秘鲁的大雪崩，雪崩在不到 3 分钟时间里飞跑了 14.5 千米路程。也就是说，每秒钟平均达到近 90 米的速度。

雪崩的破坏力十分强大，这主要和它的速度有关。高速运动的物体会产生强大的冲击力。一颗子弹，当你用手拿着它碰到人体时，一点也看不出它有什么危险。但是当它从枪筒里高速飞射出来时，能够把人置于死地。飞机最怕在空中与小鸟相撞，那是因为高速飞行的飞机常常会被小鸟撞破前舱的玻璃。

雪崩的冲击力量是非常惊人的。运

动速度大的雪崩，能使每平方米的物体表面承受 40～50 吨的力量。世界上根本就没有哪个物体，能够经受得住这样巨大的冲击力。即使是郁郁葱葱的森林，遇到高速运动的大雪崩，也会像理发推子推过我们的头顶一样，一扫而光。

雪崩造成灾害的另一个原因是雪崩引起的气浪。雪崩体在高速运动过程中，能够引起空气剧烈的振荡，在雪崩前方造成强大的气浪。这种气浪有些类似于原子弹爆炸时的冲击波，力量是很大的。秘鲁 1970 年的大雪崩所引起的气浪，把地面

上的岩石碎屑都卷起来，竟使附近地方下了一场稀奇的“石雨”。

在陡岩或者河谷急转弯的地方，雪崩体很可能被阻停留下来。而雪崩气浪却很难停止，它会继续沿着雪崩运动的方向爬山越岭。因此，雪崩气浪的作用范围要比雪崩体大得多。雪崩气浪也能摧毁森林、房屋和其他工程设施。它越过交通线路时，甚至能倾覆车辆。人们遇到它，即使刮不走，也会窒息而死。

霜 〉

• 霜的形成

在寒冷季节的清晨，草叶上、土块上常常会覆盖着一层霜的结晶。它们在初升的阳光照耀下闪闪发光，待太阳升高后就融化了。人们常常把这种现象叫“下霜”。翻翻日历，每年 10 月下旬，总有“霜降”这个节气。我们看到过降雪，也看到过降雨，可是谁也没有看到过降霜。其实，霜不是从天空降下来的，而是在近地面层的空气里形成的。

霜是一种白色的冰晶体，多形成于夜间。少数情况下，在日落以前太阳斜照的时候也能开始形成。通常，日出后不久霜就融化了。但是在天气严寒的时候或者在背阴的地方，霜也能终日不消。

霜本身对植物是既没有害处，也没有益处的。通常人们所说的“霜害”，实际上是在形成霜的同时产生的“冻害”。霜的形成不仅和当时的天气有关，而且与所附着的物体的属性也有关。当物体表面的温度很低，而物体表面附近的空气温度却比较高，那么在空气和物体表面之间就有一个温度差，如果物体表面与空气之间的温度差主要是由物体表面辐射冷却造成的，则在较暖的空气和较冷的物体表面相接触时空气就会冷却，当达到水汽过饱和状态的时候，多余的水汽就会析出。如果温度在 0 摄氏度以下，则多余的水汽就在物体表面上凝结为冰晶，这就是霜。因此霜总是在有利于物体表面辐射冷却的天气条件下形成。另外，云对地面物体夜间的辐射冷却是有妨碍作用的，天空有云时不利于霜的形成，因此，霜大多出现在晴朗的夜晚，也就是地面辐射冷却强烈的时候。此外，风对于霜的形成也有影响。有微风的时候，空气缓慢地流过冷的物体表面，不断地供应着水汽，有利于霜的形成。但是，

当风大的时候，由于空气流动得很快，接触冷物体表面的时间太短，同时风大的时候，上下层的空气容易互相混合，不利于温度降低，从而也会妨碍霜的形成。大致说来，当风速达到 3 级或 3 级以上时，霜就不容易形成了。因此，霜一般形成在寒冷季节里晴朗、微风或无风的夜晚。

霜的形成，不仅和上述天气条件有关，而且和地面物体的属性也有关。霜是在辐射冷却的物体表面上形成的，所以物体表面越容易辐射散热并迅速冷却，在它上面就越容易形成霜。同类物体，在同样条件下，假如质量相同，其内部含有的热量也就相同。如果夜间它们同时辐射散热，那么，在同一时间内表面积较大的物体散热较多，冷却得较快，在它上面就更容易有霜形成。这就是说，一种物体，如果质量相同，表面积相对大的，那么在它表面就越容易形成霜。草叶很轻，表面积却较大，所以草叶上就容易形成霜。另外，物体表面粗糙的要比表面光滑的更有利于辐射散热，所以在表面粗糙的物体上也更容易形成霜，如土块。

• 霜的消失

霜的消失有两种方式：一是升华为水汽，二是融化成水。最常见的是日出以后因温度升高而融化消失。霜所融化的水，对农作物有一定好处。霜的出现，说明当地夜间天气晴朗并寒冷，大气稳定，地面辐射降温强烈。这种情况一般出现在有冷气团控制的时候，所以往往会维持几天好天气。我国民间有“霜重见晴天”的谚语，道理就在这里。

冰雹

冰雹也叫“雹”，俗称雹子，有的地区叫“冷子”，夏季或春夏之交最为常见。它是一些小如绿豆、黄豆，大似栗子、鸡蛋的冰粒。我国除广东、湖南、湖北、福建、江西等省冰雹较少外，各地每年都会受到不同程度的雹灾。尤其是北方的山区及丘陵地区，地形复杂，天气多变，冰雹多，受害重，对农业危害很大。猛烈的冰雹打毁庄稼、损坏房屋、人被砸伤、牲畜被砸死的情况也常常发生。特大的冰雹甚至能比柚子还大，会致人死亡、毁坏大片农田和树木、摧毁建筑物和车辆等，具有强大的杀伤力。冰雹是我国严重灾害性天气之一。

• 冰雹的形成

冰雹，人们常称为雹，是在对流云中形成的，当水汽随气流上升遇冷会凝结成小水滴，若随着高度增加温度继续降低，达到零摄氏度以下时，水滴就凝结成冰粒，在它上升运动过程中，会吸附其周围小冰粒或水滴而长大，直到其重量无法为上升气流所承载时即往下降，当其降落至较高温度区时，其表面会融解成水，同时亦会吸附周围之小水滴，此时若又遇强大的上升气流再被抬升，其表面则又凝结成冰，如此反覆如滚雪球般，其体积越来越大，直到它的重量大于空气浮力，即往下降落，若达地面时未融解成水仍呈固态冰粒则称为冰雹，如融解成水就是我们平常所见的雨。

冰雹和雨、雪一样都是从云里掉下来的。不过下冰雹的云是一种发展十分旺盛的积雨云，而且只有发展特别旺盛的积雨云才可能降冰雹。

积雨云和各种云一样都是由地面附近空气上升凝结形成的。空气从地面上升，在上升过程中气压降低，体积膨胀，如果上升空气与周围没有热量交换，由于膨胀消耗能量，空气温度就要降低，这种温度变化称为绝热冷却。根据计算，在大气中空气每上升 100 米，因绝热变化会使温度降低 0.6 摄氏度左右。我们知道在一定温度下，空气中容纳水汽有一个限度，达到这个限度就称为“饱和”，温度降低后，空气中可能容纳的水汽量就要降低。因此，原来没有饱和的空气在上升运动中由于绝热冷却可能达到饱和，空气达到饱和之后过剩的水汽便附着在飘浮于空中的凝结核上，形成水滴。当温度低于零摄氏度时，过剩的水汽便会凝结成细小的冰晶。这些水滴和冰晶聚集在一起，飘浮于空中便成了云。

大气中有各种不同形式的空气运动，因此形成了不同形态的云。因对流运动而形成的云有淡积云、浓积云和积雨云等。人们把它们统称为积状云。它们都是一块块孤立向上发展的云块，因为在对流运动中有上升运动和下沉运动，往往在上升气流区形成了云块，而在下沉气流区就成了云的间隙。

积状云因对流强弱不同而形成各种不同的云状，它们的云体大小悬殊很大。如果云内对流运动很弱，上升气流达不到凝结高度，就不会形成云，只有干对流。如果对流较强，可以发展形成浓积云，浓积云的顶部像椰菜，由许多轮廓清晰的凸起云泡构成，云厚可以达 4～5 千米。如果对流运动很猛烈，就可以形成积雨云，云底黑沉沉，云顶发展很高，可达 10 千米左右，云顶边缘变得模糊起来，云顶还常扩展开来，形成砧状。一般积雨云可能产生雷阵雨，而只有发展特别旺盛的积雨云，云体十分高大，云中有强烈的上升气体，云内有充沛的水分，才会产生冰雹，这种云通常也被称为冰雹云。

冰雹云是由水滴、冰晶和雪花组成的。一般为 3 层：最下面一层温度在 0 摄氏度以上，由水滴组成；中间温度为 0 摄氏度～零下 20 摄氏度，由过冷却水滴、冰晶和雪花组成；最上面一层温度在零下 20 摄氏度以下，基本上由冰晶和雪花组成。

在冰雹云中气流是很旺盛的，通常在云的前进方向，有一股十分强大的上升气流从云底进入又从云的上部流出。还有一股下沉气流从云后方中层流入，从云底流出。这里也就是通常出现冰雹的降水区。这两股有组织上升与下沉气流与环境气流连通，所以一般强雹云中气流结构比较持续。强烈的上升气流不仅给雹云输送了充分的水汽，并且支撑冰雹粒子停留在云中，使它长到相当大才降落下来。

冰雹和雨、雪一样，都是从云里掉下来的，只不过它是从积雨云中降落下来的

一种固态降水。

在冰雹云中强烈的上升气流携带着许多大大小小的水滴和冰晶运动着，其中有一些水滴和冰晶合并冻结成较大的冰粒，这些粒子和过冷水滴被上升气流输送到含水量累积区，就可以成为冰雹核心，这些冰雹初始生长的核心在含水量累积区有着良好生长条件。冰雹核心在上升气流携带下进入生长区后，在水量多、温度不太低的区域与过冷水滴碰撞合并，形成一层透明的冰层，再向上进入水量较少的低温区，这里主要由冰晶、雪花和少量过冷水滴组成，雹核与它们粘合冻结就形成一个不透明的冰层。这时冰雹已长大，而那里的上升气流较弱，当它支托不住增长大了的冰雹时，冰雹便在上升气流里下落，在下落中不断地合并冰晶、雪花和水滴而继续生长，当它落到温度较高区时，碰撞合并上去的过冷水滴便形成一个透明的冰层。这时如果落到另一股更强的上升气流区，那么冰雹又将再次上升，重复上述的生长过程。这样冰雹就一层透明一层不透明地增长；由于各自生长的时间、含水量和其他条件的差异，所以各层厚薄及特点也各有不同。最后，当上升气流支撑不住冰雹时，它就从云中落了下来，成为我们所看到的冰雹了。

冰雹的形成需要以下几个条件：

（1）大气中必须有相当厚的不稳定层存在。

（2）积雨云必须发展到能使个别大水滴冻结的高度（一般认为温度达零下 12 摄氏度 ～ 零下 16 摄氏度）。

（3）要有强的风切变。

（4）云的垂直厚度不能小于 6～8 千米。

（5）积雨云内含水量丰富。一般为 3～8 克 / 米 ^{3}，在最大上升速度的上方有一个液态过冷却水的累积带。

（6）云内应有倾斜的、强烈而不均匀的上升气流，一般在 10～20 米 / 秒以上。

• 冰雹的特征

冰雹有以下几个特征：

（1）局域性强。每次冰雹的影响范围一般宽约几十米到数千米，长约数百米到十多千米。

（2）历时短。一次狂风暴雨或降雹时间一般只有2～10分钟，少数在30分钟以上。

（3）受地形影响显著。地形越复杂，冰雹越易发生。

（4）年际变化大。在同一地区，有的年份连续发生多次，有的年份发生次数很少，甚至不发生。

（5）发生区域广。从亚热带到温带的气候区内均可发生，但以温带地区发生次数居多。

• 冰雹分类

根据一次降雹过程中，大多数冰雹（一般冰雹）直径、降雹累计时间和积雹厚度，将冰雹分为 3 级。轻雹：多数冰雹直径不超过 0.5 厘米，累计降雹时间不超过 10 分钟，地面积雹厚度不超过 2 厘米。中雹：多数冰雹直径 0.5～2 厘米，累计降雹时间 10～30 分钟，地面积雹厚度 2～5 厘米。重雹：多数冰雹直径 2 厘米以上，累计降雹时间 30 分钟以上，地面积雹厚度 5 厘米以上。

中国冰雹最多的地区是青藏高原，例如西藏自治区东北部的黑河（那曲），每年平均有 35.9 天冰雹（最多年曾下降 53 天，最少也有 23 天）；其次是班戈 31.4 天、申扎 28 天、安多 27.9 天、索县 27.6 天，均出现在青藏高原。

• 冰雹的危害

冰雹灾害是由强对流天气系统引起的一种剧烈的气象灾害，它出现的范围虽然较小，时间也比较短促，但来势猛、强度大，并常常伴随着狂风、强降水、急剧降温等阵发型灾害性天气。中国是冰雹灾害频繁发生的国家之一，冰雹每年都给农业、建筑、通讯、电力、交通以及人民生命财产带来巨大损失。据有关资料统计，我国每年因冰雹所造成的经济损失高达几亿元甚至几十亿元。

许多人在雷暴天气中曾遭遇过小冰雹，通常这些冰雹最大不会超过垒球大小，它们从暴风雨云层中落下。然而，有的时候冰雹的体积却很大，曾经有 80 磅的冰雹从天空中降落，当它们落在地面上会分裂成许多小块。最神秘的是当天空无云层状态时，巨大的冰雹从天垂直下落，曾有许多事件证实飞机机翼遭受过冰雹袭击，科学家仍无法解释为什么会出现如此巨大的冰雹。

冰雹的预测

感冷热

如果下雹季节时的早晨凉，湿度大，中午太阳辐射强烈，造成空气对流旺盛，则易发展成积雨云而形成冰雹。故有“早晨凉飕飕，午后打破头”“早晨露水重，后响冰雹猛”的说法。

辨风向

下雹前常常出现大风而且风向变化剧烈。农谚有“恶云见风长，冰雹随风落”“风拧云转、雹子片”等说法。另外如果连续刮南风以后，风向突转为西北或北风，且风力加大，则冰雹往往伴随而来，因此有“不刮东风不下雨，不刮南风不降雹”之说。

观云态

各地有很多谚语是从云的颜色来推测下冰雹的，例如“不怕云里黑乌乌，就怕云里黑夹红，最怕红黄云下长白虫”“黑云尾、黄云头，冰雹打死羊和牛”，因为冰雹的颜色，顶白底黑，然后中部现红，形成白、黑、红乱绞的云丝，云边呈土黄色。从云状为冰雹前兆的说法还有“午后黑云滚成团，风雨冰雹一齐来”“天黄闷热乌云翻，天河水吼防冰雹”等，说明当时空气对流极为旺盛，云块发展迅猛，好像浓烟股股地直往上冲，云层上下前后翻滚，这种云极易降下冰雹。

听雷声

雷声沉闷，连绵不断，群众称这种雷为“拉磨雷”。所以有“响雷没有事，闷雷下蛋子”的说法。这是因为冰雹云中横闪比竖闪频数高，范围广，闪电的各部分发出的雷声和回声，混杂在一起，听起来有连续不断的感觉。

识闪电

一般冰雹云中的闪电大多是云块与云块之间的闪电，即“横闪”，说明云中形成冰雹的过程进行得很厉害。故有“竖闪冒得来，横闪防雹灾”的说法。

看物象

各地看物象测冰雹的经验很多，如贵州有“鸿雁飞得低，冰雹来得急”“柳叶翻，下雹天”，山西有“牛羊中午不卧梁，下午冰雹要提防”“草心出白珠，下降雹稳”等谚语。要注意以上经验一般不要只据某一条就作定断，而需综合分析运用。

• 冰雹防治

我国是世界上人工防雹较早的国家之一。由于我国雹灾严重，所以防雹工作得到了政府的重视和支持。目前，已有许多省建立了长期试验点，并进行了多次试验，取得了不少有价值的科研成果，开展了人工防雹工作，从而达到减轻雹灾的目的。目前常用的方法有：一是用火箭、高炮或飞机直接把碘化银、碘化铅、干冰等催化剂送到云里去；二是在地面上把碘化银、碘化铅、干冰等催化剂在积雨云形成以前送到自由大气里，让这些物质在雹云里起雹胚作用，使雹胚增多，冰雹变小；三是在地面上向雹云放火箭打高炮，或在飞机上对雹云放火箭、投炸弹，以破坏大气对雹云的水分输送；四是用火箭、高炮等向暖云部分撒凝结核，使云形成降水，以减少云中的水分；在冷云部分撒冰核，以抑制雹胚增长。

• 农业防雹措施

常用方法有：一是在多雹地带，种植牧草和树木，增加森林面积，改善地貌环境，破坏雹云条件，达到减轻雹灾目的；二是增种抗雹和恢复能力强的农作物；三是成熟的作物及时抢收；四是多雹灾地区降雹季节，农民下地随身携带防雹工具，如竹篮、柳条筐等，以减少人身伤亡。

寒潮

寒潮指某一地区冷空气过境后，气温24小时内下降8摄氏度以上，且最低气温下降到4摄氏度以下；或48小时内气温下降10摄氏度以上，且最低气温下降到4摄氏度以下；或72小时内气温连续下降12摄氏度以上，并且最低气温在4摄氏度以下的天气。

寒潮暴发的特点

寒潮暴发在不同的地域环境下具有不同的特点。在西北沙漠和黄土高原，表现为大风少雪，极易引发沙尘暴天气。在内蒙古草原则表现为大风、吹雪和低温天气。在华北、黄淮地区，寒潮袭来常常风雪交加。在东北表现为更猛烈的大风、大雪，降雪量可能成为全国之冠。在江南常伴随着寒风苦雨。

定义寒潮的标准

寒潮在气象学上有严格的定义和标准，但在不同国家和地区寒潮标准是不一样的。

例如中国中央气象台 2006 年制定的寒潮标准是：

标准 1：冬半年引起大范围强烈降温大风天气，常伴有雨、雪的大规模冷空气活动，使气温在 24 小时内迅速下降 8 摄氏度以上的天气过程。

标准 2：冬半年大规模冷空气活动，常引起大范围强烈降温、大风，常伴有雨、雪的天气。

标准 3：冬半年自极地或寒带向较低纬度侵袭的强烈冷空气活动。

美国天气频道规定，美国至少有 15 个州的气温低于正常值，且其中至少有 5 个州温度比正常值低 15 摄氏度，并至少持续两天的冷空气暴发称为寒潮。

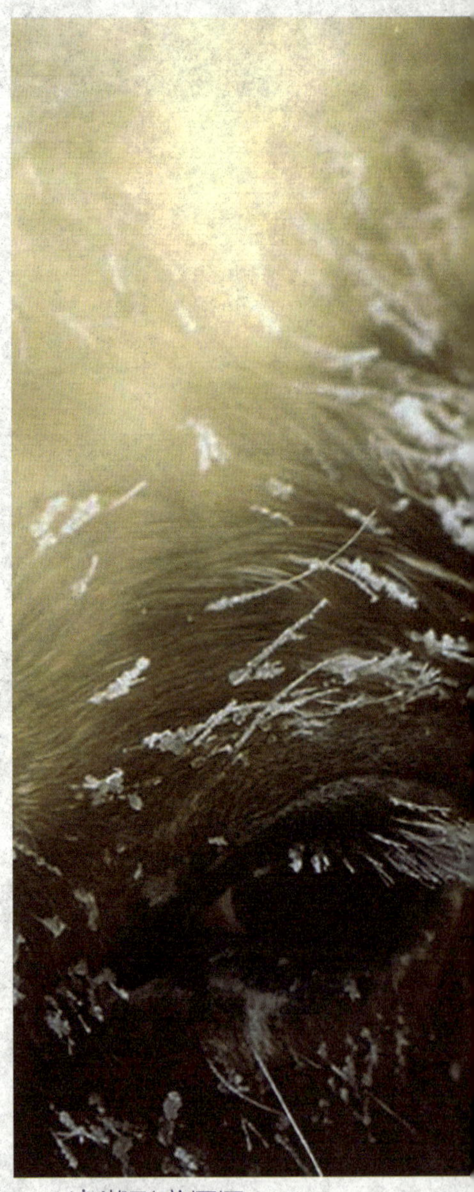

寒潮形成原因

在北极地区由于太阳的光照强度弱，地面和大气获得热量少，常年冰天雪地。到了冬天，太阳光的直射位置越过赤道，到达南

半球，北极地区的寒冷程度进一步增强，范围扩大，气温一般都在零下 40 摄氏度～零下 50 摄氏度以下。大范围的冷气团聚集到一定程度，在适宜的高空大气环流作用下，就会大规模向南入侵，形成寒潮天气。

中国位于欧亚大陆的东南部。从中国往北去，就是蒙古国和俄罗斯的西伯利亚。

西伯利亚是气候很冷的地方，再往北去，就到了地球最北的地区——北极。那里比西伯利亚地区更冷，寒冷期更长。影响中国的寒潮就是从那个地方形成的。

位于高纬度的北极地区和西伯利亚、蒙古高原一带，一年到头受太阳光的斜射，因此地面接受太阳光的热量很少。尤其是到了冬天，太阳光线南移，北半球太阳光照射的角度越来越小，因此，地面能吸收的太阳光热量也越来越少，地表面的温度变得很低。在冬季北冰洋地区，气温经常在零下 20 摄氏度以下，最低时可到零下 60 摄氏度 ～ 零下 70 摄氏度。1 月份的平均气温常在零下 40 摄氏度以下。

由于北极和西伯利亚一带的气温很低，大气的密度就要大大增加，空气不断收缩下沉，使气压增高，这样便形成一个势力强大、深厚宽广的冷高压气团。当这个冷高压势力增强到一定程度时，就会像决了堤的海潮一样，一泻千里，汹涌澎湃地向中国袭来，这就是寒潮。

每一次寒潮暴发后，西伯利亚的冷空气就要减少一部分，气压也随之降低。但经过一段时间后，冷空气又重新聚集堆积起来，孕育着下一次寒潮的暴发。

• 入侵中国的寒潮路径

入侵中国的寒潮主要有以下路径：1. 西路：从西伯利亚西部进入中国新疆，经河西走廊向东南推进；2. 中路：从西伯利亚中部和蒙古国进入中国后，经河套地区和华中南下；3. 东路：从西伯利亚东部或蒙古国东部进入中国东北地区，经华北地区南下；4. 东路加西路：东路冷空气从河套下游南下，西路冷空气从青海东南下，两股冷空气常在黄土高原东侧相遇，在黄河、长江之间汇合，汇合时造成大范围的雨雪天气，接着两股冷空气合并南下，开始出现大风和明显降温。

• 寒潮影响

寒潮是一种大型天气气象，会造成沿途大范围的剧烈降温、大风和雨雪天气，由寒潮引发的大风、霜冻、雪灾、雨凇等灾害对农业、交通、电力、航海以及人们健康都有很大的影响。

寒潮和强冷空气通常带来的大风、降温天气，是中国冬半年主要的灾害性天气之一。寒潮大风对沿海地区威胁很大，如1969年4月21日—25日那次的寒潮，强风袭击渤海、黄海以及河北、山东、河南等省，陆地风力7～8级，海上风力8～10级。此时正值天文大潮，寒潮暴发造成了渤海湾、莱州湾罕见的风暴潮。在山东北岸一带，海水上涨了3米以上，冲毁海堤50多千米，海水倒灌30～40千米。

寒潮带来的雨雪和霜冻天气对交通运输危害不小。如1987年11月下旬的一次寒潮天气中，使哈尔滨、沈阳、北京、乌鲁木齐等铁路局所管辖的大多数车站岔道冻结，铁轨被雪埋，通信信号失灵，列车运行受阻。雨雪过后，道路结冰打滑，交通事故明显上升。寒潮袭击对人体健康危害很大，大风、降温天气容易引发感冒、气管炎、冠心病、肺心病、中风、哮喘、心肌梗死、心绞痛、偏头痛等疾病，有时还会使患者的病情加重。

很少被人提起的是，寒潮也有有益

的影响。地理学家的研究分析表明，寒潮有助于地球表面热量的交换。随着纬度的增高，地球接收太阳辐射的能量逐渐减弱，因此地球形成热带、温带和寒带。寒潮携带大量冷空气向热带倾泻，使地面热量进行大规模交换，这非常有助于自然界的生态平衡，保证物种的生存。

气象学家认为，寒潮是风调雨顺的保障。中国受季风影响，冬天气候干旱，为枯水期。但每当寒潮南侵时，常会带来大范围的雨雪天气，缓解了冬天的旱情，使农作物受益。“瑞雪兆丰年”这句农谚为什么能在民间千古流传？这是因为雪水中的氮化物含量高，是普通水的 5 倍以上，可使土壤中氮元素大幅度提高。雪水还能加速土壤有机物质分解，从而增加土壤中有机肥料。大雪覆盖在越冬的农作物上，就像棉被一样起到抗寒保温作用。

有道是“寒冬不寒，来年不丰”，这同样有其科学道理。农作物病虫害防治专家认为，寒潮带来的低温，是目前最有效的天然“杀虫剂”，可以大量杀死潜伏在土壤中过冬的害虫和病菌，或抑制其滋生，减轻来年的病虫害。据各地农技站调查数据显示，凡大雪封冬之年，农药可节省 60% 以上。

寒潮还可带来风资源。科学家认为，风是一种无污染的宝贵动力资源。举世瞩目的日本宫古岛风能发电站，寒潮期的发电效率是平时的 1.5 倍。

• 返潮

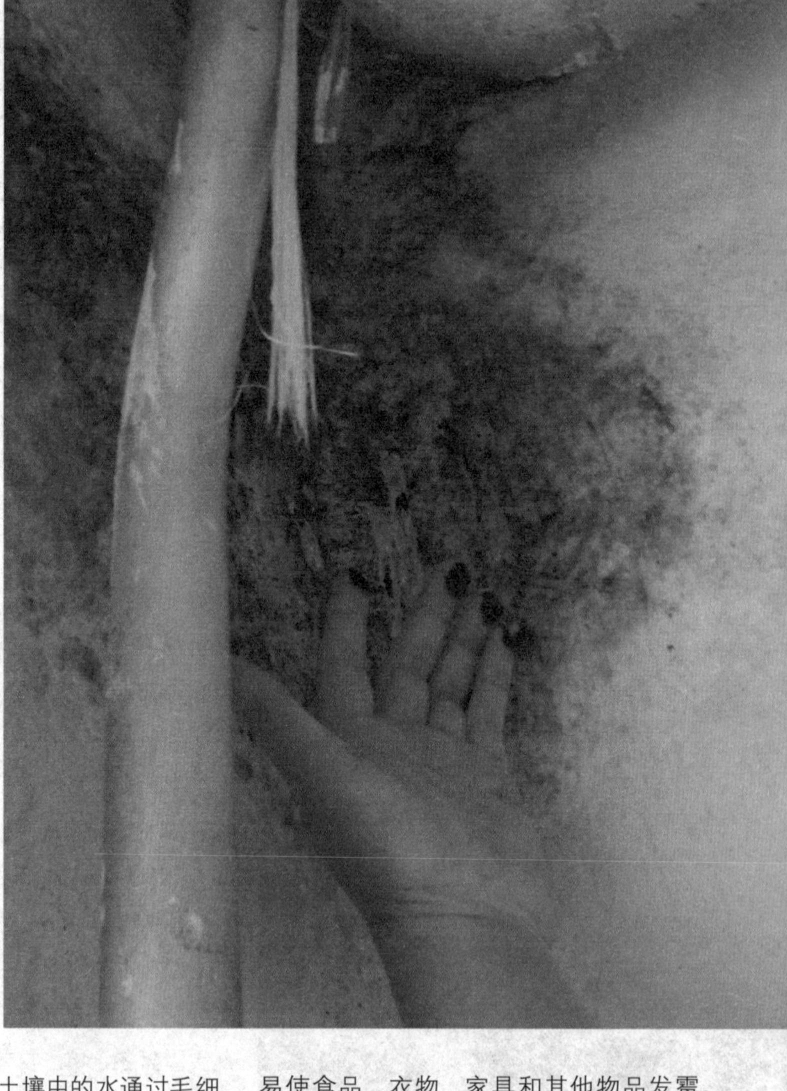

天气回潮现像也叫返潮，这种现象主要发生在房间的底层地面。天气回潮的情况有两种。第一种情况，冷空气刚离开，天气开始转暖，但地表温度依然较低。这时如果天气潮湿，空气的相对湿度在90%以上时，室外的暖湿空气进入室内，遇到温度较低而又光滑不吸水的地面时，便凝结成水，大量聚集在地板、墙壁上就产生回潮（返潮）现象，就像出汗一般。一旦气候转晴干燥，回潮现象即可消除。第二种情况是地面底层下地基土壤中的水通过毛细管作用上升，以及气态水向上渗透，使得地面材料潮湿，并随之恶化使得整个房间湿度增加。通常，在春夏之交天气转暖的梅雨季节多为第一种情况。

“返潮”天气有利于细菌生长繁殖，易使食品、衣物、家具和其他物品发霉。面对潮湿天气，可采取以下措施来预防或减轻：一是尽量缩小室内外的温差。使用暖气、电烘箱等热源设备加热室内，使室内温度等于或稍高于室外温度；二是尽量隔绝暖湿空气的侵入。一旦发现风向由北

转南时应及时关闭门窗，室内的衣柜、橱柜门也要紧闭，以减少室外暖湿空气的进入；三是在室内放些吸湿吸潮物质。比较经济和理想的是生石灰（块状石灰），石灰会吸收空气中的水汽，并释放出热量，对室内有增温作用；四是利用设备进行除湿。有除湿功能的空调要立即开启，有条件的还可用吸湿机过滤室内空气，进行“脱水”。

霜冻

霜冻在秋、冬、春三季都会出现。霜冻是指空气温度突然下降，地表温度骤降到0摄氏度以下，使农作物受到损害，甚至死亡。它与霜不同，霜是近地面空气中的水汽达到饱和，并且地面温度低于0摄氏度，在物体上直接凝华而成的白色冰晶，有霜冻时并不一定有霜。每年秋季第一次出现的霜冻叫初霜冻，翌年春季最后一次出现的霜冻叫终霜冻，初、终霜冻对农作物的影响都较大。

霜冻是一种较为常见的农业气象

灾害，发生在冬、春季，多因为寒潮南下，短时间内气温急剧下降至0摄氏度以下引起；或者受寒潮影响后，天气由阴转晴的当天夜晚，因地面强烈辐射降温所致，这就是人们常说的“雪上加霜”。霜冻对园林植物的危害，主要是使植物组织细胞中的水分结冰，导致生理性干旱，而使其受到损伤或死亡，给园林造成巨大损失。

霜冻一般分为3种类型。由北方强冷空气入侵引起的霜冻，常见于长江以北的早春和晚秋，以及华南和西南的冬季，北方人称之为“风霜”，气象学上叫作“平流霜冻”。在晴朗无风的夜晚，地面因强烈辐射散热而出现低温，人们称之为“晴霜”或“静霜”，气象学上叫作“辐射霜冻”。先因北方强冷空气入侵，气温急降，风停后夜间晴朗，辐射散热强烈，气温再度下降，造成霜冻，这种霜冻称为“混合霜冻”或“平流辐射霜冻”，也是最为常见的一种霜

冻。一旦发生这种霜冻，往往降温剧烈，空气干冷，很容易使农作物和园林植物枯萎死亡。所以这类霜冻应特别引起注意，以免造成严重的经济损失。

农作物内部都是由许许多多的细胞组成的，当温度下降到0摄氏度以下时，农作物内部细胞与细胞之间的水分就开始结冰，从物理学中得知，物体结冰时，体积要膨胀。因此当细胞之间的冰粒增大时，细胞就会受到压缩，细胞内部的水分被迫向外渗透出来，当细胞失掉过多的水分时，它内部原来的胶状物就逐渐凝固起来，特别是在严寒霜冻以后，气温又突然回升，农作物渗出来的水分很快变成水汽散失掉，当细胞失去的水分没法复原的，农作物便会死去。

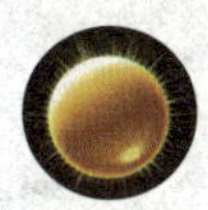

霜和霜冻的区别 >

霜和霜冻是秋、冬季节常见的天气现象。

霜是由于贴近地面的空气受地面辐射冷却的影响而降温到霜点。即气层中地物表面温度或地面温度降到0摄氏度以下，所含水汽的过饱和部分在地面一些传热性能不好的物体上凝结成的白色冰晶。其结构松散，一般在冷季夜间到清晨的一段时间内形成，形成时多为静风。霜在洞穴里、冰川的裂缝口和雪面上有时也会出现。在我国四季分明的中纬度地区，深秋至第二年早春季节，正是冬季开始前和结束后的时间，夜间的气温一般能到低0摄氏度以下。在晴朗的夜间，因为无云，地面热量散发很快，在前半夜由于地面白天储存热量较多，气温一般不易降到0摄氏度以下。特别是到了后半夜和黎明前，地面散发的热量已很多，而获得大气辐射补偿的热量很少，气温下降很快，当气温下降到0摄氏度以下时，近地面空气中的水汽附着在地面的土块、石块、树叶、草木、低房的瓦片等物体上，就凝结成了冰晶状的白霜。

霜冻多出现在春、秋转换季节，白

天气温高于0摄氏度，夜间气温短时间内降至0摄氏度以下的低温危害现象。在农业气象学中是指土壤表面或者植物附近的气温降至0摄氏度以下而造成农作物受损的现象。出现霜冻时，往往伴有白霜，也可不伴有白霜，不伴有白霜的霜冻被称为“黑霜”或“杀霜”。晴朗无风的夜晚，因辐射冷却形成的霜冻称为“辐射霜冻”。因冷空气入侵形成的霜冻称为“平流霜冻”。两种方式综合作用下形成的霜冻称为“平流辐射霜冻”。无论何种霜冻出现，都会给农作物带来不同程度的伤害。

冻雨

冻雨是初冬或冬末春初时节见到的一种天气现象。

当较强的冷空气南下遇到暖湿气流时，冷空气像楔子一样插在暖空气的下方，近地层气温骤降到0摄氏度以下，湿润的暖空气被抬升，并成云致雨。当雨滴从空中落下来时，由于近地面的气温很低，在电线杆、树木、植被及道路表面都会冻结上一层晶莹透亮的薄冰，气象上把这种天气现象称为“冻雨”。我国南方一些地区把冻雨又叫作“下冰凌”，北方地区称它为“地油子”或者“流冰”。雨滴与地面、地物、飞机等相碰而即刻冻结的雨称为冻雨。这种雨从天空落下时是低于0摄氏度的过冷水滴，在碰到树枝、电线、枯草或其他地上物体时，就会在这些物体上冻结成外表光滑、晶莹透明的一层冰壳，有时边冻边淌，像一条条冰柱。这种冰层在气象学上又称为“雨凇”或“冰凌”。冻雨是过冷雨滴或毛毛雨落到温度在0摄氏度以下的地面上时，水滴在地面或物体上迅速冻结而成的透明或半透明冰层，这种冰层可形成“千崖冰玉里，万峰水晶中”的壮美景象。如遇毛毛雨时，则出现“粒凇”，“粒凇”表面粗糙，粒状结构清晰可辨；如遇较大雨滴或降雨强度较大时，往往形成“明冰凇”，“明冰凇”表面光滑、透明密实，常在电线、树枝或舰船上一边流一边冻，形成长长的冰挂。

冻雨大多出现在1月上旬至2月上、中旬的一个多月内，起始日期具有北早南迟，山区早、平原迟的特点，结束日则相反。

冻雨以山地和湖区多见。中国南方多、北方少；潮湿地区多而干旱地区少；山区比平原多，高山最多。据统计，江淮流域的冻雨天气，沿淮河以北2～3年一遇，淮河以南7～8年一遇。但在山区、山谷和山顶差异较大，山区的部分谷地几乎没有冻雨，而山势较高处几乎年年都有冻雨发生。

出现冻雨较多的是贵州省，其次是湖南、江西、湖北、河南、安徽、江苏，以及山东、河北、陕西、甘肃、辽宁南部等地；新疆北部和天山地区、内蒙古中部和大兴安岭东部也会有冻雨出现。贵州是全国出现冻雨最多的省份，一般在每年12月至次年2月是最容易出现冻雨的时候。贵州的威宁市被誉为“冻雨之乡”，威宁市常年冻雨日数可达44.6天。其中1月份最多，平均16.8天，常年12月平均有10.1天。

• 冻雨的形成

入冬，雨落在树木、高楼、山岩、电杆等物体上，立即结成了冰，老百姓习惯叫“滴水成冰”。这种雨在气象学上叫“冻雨”（它的凝聚物叫“雨凇”）。它和人们常说的一般水滴不同，而是一种过冷却水滴（温度低于0摄氏度，在云体中它本该凝结成冰粒或雪花，然而找不到冻结时必需的冻结核，于是它成了碰上物体就能结冻的过冷却水滴。

冻雨落在电线、树枝、地面上时，随即结成外表光滑的一层薄冰，冰越结越厚，结聚过程中还边流动边冻结，结果便制造出一串串钟乳石似的冰柱、冰穗（俗称“冰挂”），它们晶莹透亮，遇上阳光，放射出五彩光芒，煞是好看！可惜的是，当它的重量超过物体的承载能力的时候，悲剧就发生了。要形成“冻雨”，需要使过冷却水滴顺利地降落到地面，这往往离不开特定的天气条件：近地面2000米左右的空气层温度稍低于0摄氏度；2000米至4000米的空气层温度高于0摄氏度，比较暖一点；再往上一层又低于0摄氏度，

这样的大气层结构，使得上层云中的过冷却水滴、冰晶和雪花，掉进比较暖一点的气层，都变成液态水滴，再向下掉，又进入不算厚的冻结层。当它们随风下落，正准备冻结的时候，已经以冷却的形式接触到冰冷的物体，转眼形成“冻雨”！

• 冻雨的危害

冻雨风光值得观赏，但它毕竟是一种灾害性天气，它所造成的危害是不可忽视的。电线结冰后，遇冷收缩，加上冻雨重量的影响，就可能会绷断。有时，成排的电线杆被拉倒，使电讯和输电线路中断。公路交通因地面结冰而受阻，交通事故也因此增多。农田结冰，会冻断返青的冬麦，或冻死早春播种的农作物幼苗。另外，冻雨还能大面积地破坏幼林、冻伤果树等。冻雨厚度一般可达 10～20 毫米，最厚的有 30～40 毫米。冻雨发生时，风力往往较大，所以冻雨对交通运输，特别对通讯和输电线路影响更大。据气象专家分析，冻雨是在特定的天气背景下产生的降水现象。每年的 12 月到来年的 2 月是冻雨的多发季节，在此期间，江淮流域上空的西北气流和西南气流都很强，地面有冷空气侵入，1500～3000 米上空又有暖气流北上，大气垂直结构呈上下冷、中间暖的状态，自上而下分别为冰晶层、暖层和冷层。在这种强烈的对流作用下冻雨就产生了。冻雨是一种灾害性天气，它大量冻结积累后能压断输电线路和电话线，严重的冻雨会把房子压塌，飞机在有过冷水滴的云层中飞行时，机翼、螺旋桨会积水成冰，影响飞机空气动力性能从而造成失事。

• 冻雨的预防

预防冻雨灾害的方法，主要是在冻雨出现时，发动输电线路沿线居民不断把电线上的雨凇敲刮干净；在飞机上安装除冰设备或干脆绕开冻雨区域飞行；对于公路上的积冰，应及时撒盐融冰，并组织人力清扫路面。如果发生事故，应当在事发现场设置明显标志。在冻雨天气里，人们应尽量减少外出，如果外出，要采取防寒保暖和防滑措施，行人要注意远离或避让机动车辆和非机动车辆。司机朋友在冻雨天气里要减速慢行，不要超车、加速、急转弯或者紧急刹车，应及时安装轮胎防滑链。

雾凇

雾凇是指空气层中水汽直接凝结或过冷却雾滴直接冻结在地面物体迎风面上的乳白色冰晶。

• 雾凇的形成

雾凇是一种附着于地面物体（如树枝、电线）迎风面上的白色或乳白色不透明冰晶。它也是由过冷水却滴凝结而成。不过，这些过冷却水滴不是从天上掉下来的，而是浮在气流中由风携带来的。这种水滴要比形成雨凇的雨滴小许多，称为雾滴，实际上，也就是组成云的云滴。过冷却水滴（温度低于0摄氏度）碰撞到同样低于冻结温度的物体时，便会形成雾凇。当空气中的水蒸气碰上物体马上凝结成固态时便会结成雾凇层或雾凇沉积物。雾凇层由小冰粒构成，在它们之间有气孔，这样便造成典型的白色外表和粒状结构。由于各个过冷却水滴的迅速冻结，相邻冰粒之间的内聚力较差，因此易于从附着物上脱落。被过冷却云环绕的山顶上最容易形成雾凇，它也是屋檐上常见的冰冻形式，在寒冷的天气里泉水、河流、湖泊或池塘附近的蒸雾也可形成雾凇。

雾凇出现最多的地方是吉林省的长白山，年平均出现178.9天，最多的年份有187天。

• 雾凇的种类

雾凇分为两种，硬凇和软凇。

硬凇是过冷却雾滴碰到冷的地面物体后迅速冻结成粒状的小冰块，也叫粒状雾凇，它的结构较为紧密。硬凇与霜露都是由于空气和地面物体之间存在着温度差而形成的。但是，形成硬凇的温度差是由天气变暖而引起的，形成霜露的温度差却是由于地面物体辐射冷却所引起的。所以，它们所反映的天气条件不同，附着的物体也不尽一样，它们是不同的天气现象。

软凇是一种白色沉积物，水珠在半冷冻雾或薄雾冻结的外表面凝结，无风或微风状况下形成。软凇通常可见于结冰树枝的迎风面、电线上或其他固态物品。软凇在表面上与灰白色的霜相似，然而软凇是由水蒸气冷凝成液态水滴，然后在一个外表面形成。灰白色霜则是直接由水蒸气淤积形成。灰白色霜的沉重涂层，称为白霜，在外表上与软凇非常相似，但形成过程不同，它在没有雾，但是在非常高的相对湿度（90% 以上）和温度低于零下 8 摄氏度的条件下形成。软凇的外观十分像洁白的冰针簇。它们很脆弱，可以很容易地被抖落。

厚度达到四五十毫米的雾凇是最罕见的一个品种，要具备足够的低温和充分的水汽这两个极为苛刻且相互矛盾的自然条件才能形成，而且轻微的温度和风力变化都会给它带来致命的影响。

• 吉林雾凇

吉林雾凇仪态万千、独具丰韵的奇观，让络绎不绝的中外游客赞不绝口。

每当雾凇来临，吉林市松花江岸十里长堤“忽如一夜春风来，千树万树梨花开”“柳树结银花，松树绽银菊”，把人们带进如诗如画的仙境。时任总书记的江泽民 1991 年在吉林市视察期间恰逢雾凇奇景，欣然秉笔，写下“寒江雪柳，玉树琼花，吉林树挂，名不虚传”之句。1998 年他又赋诗曰：“寒江雪柳日新晴，玉树琼花满目春。历尽天华成此景，人间万事出艰辛”。

在美丽之外，吉林雾凇也有很多实际的用处。北方有一些地方偶尔也有雾凇出现，但其结构紧密，密度大，对树木、电线及某些附着物有一定的破坏力。而吉林雾凇不仅因为结构很疏松，密度很小，没有危害，而且还对人类有很多益处。

现代都市的空气质量是让人担忧的问题，吉林雾凇可是天然的空气“清洁工”。人们在观赏玉树琼花般的吉林雾凇时，都会感到空气格外清新舒爽、滋润肺腑，这是因为雾凇有净化空气的内在功能。雾凇初始阶段的凇附，吸附微粒沉降到大地，净化空气，因此，吉林雾凇不仅在外观上洁白无瑕，给人以纯洁高雅的风貌，而且还是天然大面积的空气“清洁器”。

吉林雾凇是天然的“消音器”。噪声使人烦躁、疲惫、精力分散以及工作和学习效率降低，并能直接影响人们的健康甚至生命。人为控制和减少噪声危害，需要一定条件，并且又有一定局限性。吉林雾凇由于具有浓厚、结构疏松、密度小、空隙度高的特点，因此对声波反射率很低，能吸收和容纳大量声波，在形成雾凇的成排密集的树林里感到幽静就是这个道理。

吉林雾凇也是天然的“负氧离子发生器”。所谓负氧离子，是指在一定条件下，带负电的离子与中性的原子结合，这种带负离子的原子，就是负氧离子。负氧离子，也被人们誉为空气中的“维生素”“环境卫士”“长寿素”等，它有消尘灭菌、促进新陈代谢和加速血液循环等功能，可调节神经功能，提高人体免疫力和体质。在出现浓密雾凇时，因不封冻的江面在低温条件下，水滴分裂蒸发大量水汽，形成了“喷电效应”，因而促进了空气离子化，也就是在有雾凇时，负氧离子增多。据测，在有雾凇时，吉林松花江畔负氧离子每立方厘米可达上千至数千个，比没有雾凇时的负氧离子可多5倍以上。

天气预报

天气预报就是应用大气变化的规律，根据当前及近期的天气形势，对未来一定时期内的天气状况进行预测。它是根据对卫星云图和天气图的分析，结合有关气象资料、地形和季节特点、前人经验等综合研究后作出的。如我国中央气象台的卫星云图，就是我国制造的“风云一号”气象卫星拍摄的。利用卫星云图照片进行分析，能提高天气预报的准确率。天气预报就时效的长短通常分为3种：短期天气预报（2～3天）、中期天气预报（4～9天），长期天气预报（10～15天以上）。中央电视台每天播放的主要是短期天气预报。

天气预报是一项人类预报天气发展的科学。从谚语开始到今天使用计算机进行纳维—斯托克斯方程式等等的运算，都说明了这门科学的历史长久。今天的天气预报可以对一星期内的天气做比较准确的预报。现在天气预报大都播报最高、最低气温；降雨几率，雨量的大小；晴天、阴天和紫外线指数、寒冷指数等。

天气预报分类 >

形势预报即预报未来某时段内各种天气系统的生消、移动和强度的变化。

要素预报即预报气温、风、云、降水和天气现象等在未来某时段的变化。形势预报是要素预报的基础。

按天气预报的时效长短，可分为：①短时预报。预报未来1～6小时的动向；②短期预报。预报未来24～48小时的天气情况；③中期预报。对未来3～15天天气情况的预报；④长期预报。指对1个月到1年的天气情况的预报。预报时效1～5年的称为超长期预报，10年以上的则称为气候展望。

按预报范围可将天气预报分为：①大范围预报。一般指全球预报、半球预报、大洲或国家范围的预报；②中范围预报。常指省、州和地区范围的预报；③小范围预报。如一个县范围的预报、城市预报、水库范围的预报和机场、港口的预报等。

天气预报的工具 >

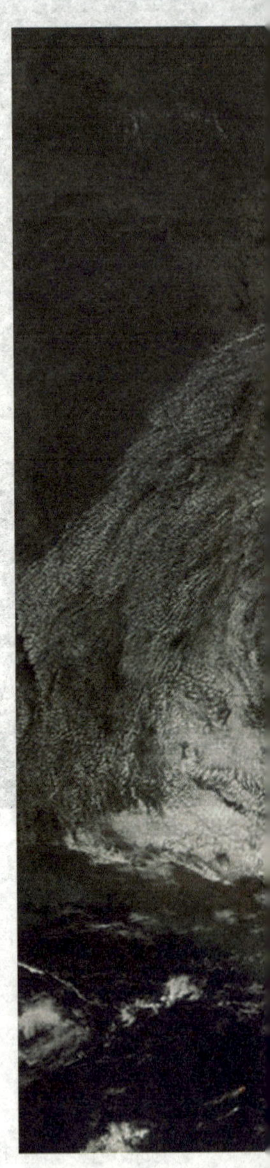

天气预报的重要工具是天气图。天气图主要分地面和高空两种。天气图上密密麻麻地填满了各式各样的天气符号，这些符号都是根据各地传来的气象电码翻译后填写的。每一种符号代表一定的天气。

表示云状的符号，有卷云、卷积云、卷层云、高积云、雨层云和积雨云等等。

表示天气现象的符号有雷暴、龙卷、大雾、连续性大雨、小雪和小阵雨等等。

此外，还有表示风向风速、云量及气压变化的符号。

所有这些符号都按统一规定的格式填写在各自的地理位置上。这样，就可以把广大地区在同一时间观测到的气象要素如风、温度、湿度、气压、云以及阴、晴、雨、雪等统统填在一张天气图上。从而构成一张张代表不同时刻的天气图。有了这些天气图，预报人员就可以进行进一步分析加工，并将分析结果用不同颜色的线条和符号表示出来。

地面天气图的分析内容包括：圈画出各地重要的天气现象（如降水、大风、雪暴等）的区域范围，画出冷锋、暖锋、准静止锋的所在位置，绘制全图等压线，标出低压、高压中心及强度。经过这一分析，就可从图中清晰地看出当时的气压形势：哪里是高压，哪里是低压，冷暖空气的交锋地带在哪里。

高空天气图上填写的气象要素是同一等压面上各点的高度，因而分析绘制的是相隔一定数值的等高线。等高线画好后，就能看出当时高空的气压形势：哪里是低压槽，哪里是高压脊。然后再画出等温线，标出冷暖中心。从冷暖中心与低压槽、高压脊的配置情况，预报人员就可对未来的气压形势作出大致的判断。

随着气象科学技术的发展，现在有些气象台已经使用气象雷达、气象卫星及电子计算机等先进的探测工具等预报手段来提高气象预报的水平，收到了显著的效果。据报道，自1966年以来，发生在全世界热带海洋上的台风，几乎没有一次逃过气象卫星的“眼睛”。卫星云图对于监视和发现并预防大型风暴、强烈的灾害性天气都有显著作用。

常用天气预报名词术语 >

晴：天空云量不足三成。

阴：天空云量占九成或以上。

雾：近地面空中浮游大量微小的水滴或冰晶，水平能见度下降到1千米以内，影响交通运输。

小雨：日降水量不足10毫米。

大雨：日降水量25～49.9毫米。

雷阵雨：忽下忽停并伴有电闪雷鸣的阵性降水。

冰雹：小雹核随着在积雨云中激烈的垂直运动，反复上升凝结下降融化，成长为透明层相间的小冰块降落，对农作物有影响。

冻雨：雨滴冻结在低于0摄氏度的物体表面和地面上，又称雨凇（由雾滴冻结的，称雾凇），常坠断电线，使路面结冰，影响通信、供电、交通等。

雨夹雪：近地面气温略高于0摄氏度，湿雪或雨和雪同时下降。

小雪：日降雪量（融化成水）不足2.5

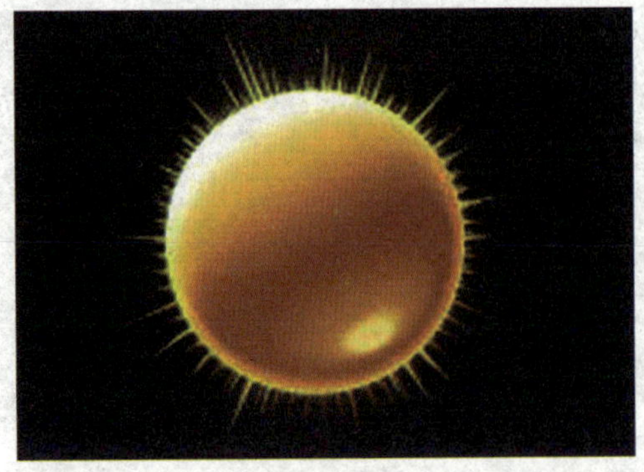

毫米。

中雪：日降雪量（融化成水）2.6～4.9毫米。

大雪：日降雪量（融化成水）达到或超过5毫米。

霜冻：温度低于0摄氏度的地面和物体表面上有水汽凝结成白色结晶的是白霜，水汽含量少没结霜称黑霜，对农作物都有伤害，称霜冻。

低压槽和高压脊：呈波动状的高空西风气流上，波谷对应着低压槽，槽前暖空气活跃，多雨雪天气，槽后冷空气控制，多大风降温天气；波峰与高压脊对应，天空晴朗。

冷锋和暖锋：冷锋即冷空气的前锋，在冷、暖气团交界处，冷空气向暖空气推进。冷锋上多风雨激烈的天气，锋后多大风降温天气；反之为暖锋，锋上多阴雨天气，锋后转多云或晴天，气温回升。

大风：用风矢表示，由风向杆和风羽组成。风向杆指风的来向，有8个方位。风羽由三四个短划和三角表示大风的风力，垂直在风向杆末端的右侧（北半球）。

天气常识 >

在收听天气预报时，常常听到“今天白天”“今天夜间”等时间用语和“多云”“阴”“晴”等气象用语。“今天白天”是指8：00到20：00这12个小时；“今天夜间”指20：00到次日8：00这12个小时。“晴”指云量占10%～30%；“多云”指云量占40%～70%；“阴”指云量占80%～100%。

气象单位对降水量标准的规定，有12小时和24小时两种标准。

12小时降水量级标准是：“小雨”指的是降水量0.6～5毫米；“中雨”指的是降水量5.1～15毫米；“大雨”指的是降水量15.1～30毫米；“暴雨”指的是降水量30.1～70毫米；“大暴雨”指的是降水量70.1～200毫米。

24小时降水量级标准是：“小雨”指的是降水量1～10毫米；“中雨”指的是降水量10.1～25毫米；“大雨”指的是降水量25.1～50毫米；“暴雨”指的是降水量50.1～100毫米；“大暴雨”指的是降水量100.1～250毫米的降水量。预报时间没有超过12小时，就是指12小时降水量级标准。如果预报今天白天或晚上有雨雪，则指的是12小时内的降雪。如果预报今天白天到夜间有中到大雪，则指的是24

小时内的降水量。除12、24小时预报外，还有48小时预报，72小时预报，还有未来天气分析等。

气象局每日提供给电视台、广播电台、各大报纸的天气预报只有：早上、中午、晚上3次，对于突然性的天气变化则不能及时地作出预报，怎样才能及时地了解到突然性的天气变化呢？从2009年9月开始，中国开通了121气象热线。平均每两小时就有一次新的预报，及时准确、方便快捷。

天气预报作用

天气预报的主要内容是预报一个地区或城市未来一段时期内的阴晴雨雪、最高最低气温、风向和风力及特殊的灾害性天气。就中国而言，气象台准确预报寒潮、台风、暴雨等自然灾害出现的位置和强度，就可以直接为工农业生产和群众生活服务。随着生产力的发展和科学技术的进步，人类活动范围不断扩大，对大自然的影响也越来越大，因而天气预报就成为现代社会不可缺少的重要信息。

天气预报是根据气象观测资料，应用天气学、动力气象学、统计学的原理和方法，对某区域或某地点未来一定时段的天气状况作出定性或定量的预测。它是大气科学研究的一个重要目标，对人们生活有重要意义。

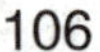

动物天气预报 >

在一些情况下，动物对天气的变化有着超乎寻常的感知力，它们能够捕捉到非常细微的变化。

• 瓢虫

在欧亚大陆和北美洲，瓢虫随处可见。它们对季节性的气候变化异常敏感。瓢虫是一种冷血生物，一旦气温达到 12～13 摄氏度，它们便会聚作一团。因而有人把它们作为气温回升的指南。温室的出现使得瓢虫展示了其预报天气的另一个侧面。由秋入冬时，瓢虫便要寻找一个温暖的地方冬眠。而当春天到来，它们又开始涌向户外。

• 奶牛

在过去，农民非常关注天气变化，因为天气问题是一个生死攸关的大问题。在过去的几千年，人们都是通过观察家禽的反应来预测天气。在牧场，牛的群集现象很可能与气候情况相关。当暴风雨即将来临，一群牛便会聚集在一起相互取暖。奶牛对天气情况的感知还能通过其他一些习惯表现出来，诸如它们会变得坐立不安，会因气压的变化而焦虑等等。

· 青蛙

在很多年前的德国，孩子们能捉到一种温带树蛙。这种青蛙在天气转暖时会爬上树枝。有人做过这样一个实验，将这种蛙置于一个玻璃缸内，将一个木制梯子搁里头，你就会观察到青蛙随着气候的变化爬上爬下。

· 蚂蚁

蚂蚁在地底下筑巢，而把入口或出口建在地面上可能会引起一场灾难，但蚂蚁是地球上数量最多的生物之一。蚂蚁们摸索出一系列防御雨水渗入巢穴的方案，但它们是依赖这样一个事实，那就是它们能预测何时会降雨。它们建立了特别高的蚁冢，在某些情况下，它们还会搁一个门板或大块的卵石在那儿。

• 绵羊

羊是最早被人类驯养的动物之一。经过几千年的观察思考，牧羊人注意到这样一个情况，羊群能够捕捉到来自环境的刺激。像奶牛一样，羊能感受到来自环境的细微变化。温度、湿度以及气压的突然改变都能引起它们的焦虑。

• 毛毛虫

毛毛虫生长在美国的东北部以及加拿大东部的一些地区。这种小虫子两头是黑色，中间呈红褐色。据说，如果毛毛虫背上的那段棕色带非常宽，那意味着今年将迎来一个暖冬，但如果毛毛虫背部的黑色覆盖了大部分区域，那预示着接下来将会是一个严冬。

人类活动对天气的影响

人工影响天气

人工影响天气，是指为避免或者减轻气象灾害，合理利用气候资源，在适当条件下通过科技手段对局部大气的物理、化学过程进行人工影响，实现增雨雪、防雹、消雨、消雾、防霜等目的。

人工影响天气是运用云和降水物理学原理，主要采用向云中撒播催化剂的方法，使某些局部地天气变化过程朝着有利于人类的方向转化的一项科学技术措施，又称人工控制天气。是人工降水、人工防雹、人工消云、人工消雾、人工防霜、人工削弱风暴（台风）和人工抑制雷电的总称。

人工影响天气的方法 >

人工影响天气最主要的方法是播云，即用飞机、火箭或地面发射器等向云中播撒碘化银等催化剂，改变云的微结构，使云、雾、降水等天气现象发生改变。

按对象性质的不同，播云所用的催化剂也不同，其催化过程可分为两类：

冷云催化。温度为0摄氏度～零下30摄氏度的云中，往往存在过冷却水滴，若在这种云中播撒碘化银或固体二氧化碳（又称干冰）等成冰催化剂，可以生成大量的人工冰晶。这类催化剂的成冰效率很高，1克催化剂就可生成数量级为1万亿个的冰晶，使1立方千米云体内产生浓度为1个/升的冰晶。在某些云中，人工冰晶通过伯杰龙过程可形成降水，从而达到人工降水的目的。在强对流云中，人工冰晶能长大成冰雹胚胎，同自然冰雹胚胎争夺水分，使各个冰雹都不能长成危害严重的大雹块，这样可达到防雹的目的。在过冷云（雾）中，人工冰晶使云（雾）滴蒸发而自身长大下落，又可达到消云（雾）的目的。在冷云催化过程中释放的巨大潜热会改变

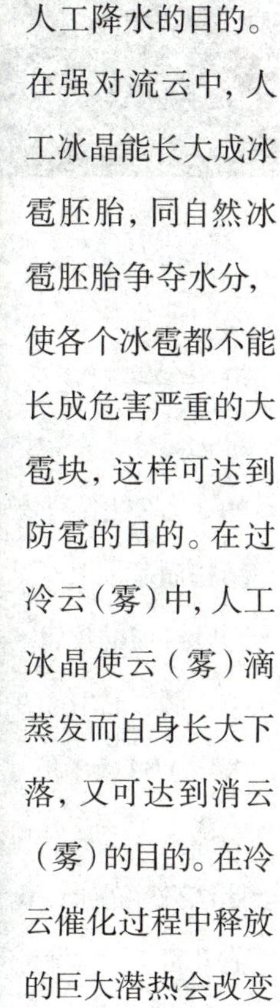

云的动力过程，着力于这种动力效应的催化称为动力催化。动力催化可使某些对流云的云体不稳定而增加降水。在台风云系，某些部位的动力催化，可能改变台风的环流结构而削弱其最大风力，从而减轻台风造成的灾害。

暖云催化。在云中播撒直径略大于0.04毫米的水滴，使它们同云滴碰并，变成雨滴而降落到地面。此法效率很低，每克水大约只能形成几百万个雨滴胚胎。如果播撒大小适当的吸湿性盐粒，也能促成雨滴的生成，且效率比播撒水滴高，每克食盐大约能形成几千万个雨滴胚胎，再通过碰并过程形成雨滴，此法可促使暖云增加降水。在暖雾或某些暖云中播撒盐粒使雾滴或云滴蒸发，盐粒吸湿长大下落，也可达到消雾或消云的目的。

播云的手段 〉

地面播撒,通过空气流动,带入云中。此法虽然简易,但催化剂从何处入云、能有多少入云都很难掌握。

将催化剂装入火箭弹头或高射炮炮弹内,发射到云中的预定部位。此法虽迅速和直接,但是载量有限。

用飞机将催化剂直接播入云内。此法机动性强,载量也大,但有时受飞行安全的限制。

人工降雨可以解除或缓解农田干旱、增加水库灌溉水量或供水能力,或增加发电水量等。中国最早的人工降雨试验是在1958年,吉林省这年夏季遭受到60年未遇的大旱,人工降雨获得了成功。1987年在扑灭大兴安岭特大森林火灾中,人工降雨发挥了重要作用。总之,人工降雨对经济、社会和生态效益的作用是显而易见的。

天气对人类生产生活的影响

天气对人身体状况的影响 >

科学家研究指出，天气对人类有很大影响。生活中许多人认为自己对天气变化有感觉，有些人甚至能预先感觉到危险天气的来临，即使儿童也会对低压槽和高压区产生反应。

不过，天气本身不会引起身体和精神疾病，它只会使人们已有的伤病加重或减缓。

医学气象学家把人分成3种类型：第一种类型的人是天气反应型的，在天气的影响下，他们没有感觉到痛苦或觉得自己有病，但他们的情绪和健康状况却会有波动；第二种类型的人是天气感觉型的，他们的神经系统不稳定（不是由人们的主观意愿决定的），他们比第一种类型的人对坏天气的反应更强烈。在天气骤变时他们会感觉到头痛和睡不好，还会感到疲倦、情绪不好和变得易于激动。他们注意力无法集中，只能喝少量的酒，并且在酒后会有反应，在开车的时候表现为反应迟钝。据调查，大约有60%的人觉得自己属于天气感觉型的。即使按十分严格的生物气象学标准衡量，每3个人中也有一个人属于天气感觉型的。第三种类型的人是天气敏感型，这种类型的人通常是一些病人，他们可能患心血管疾病、风湿性关节炎或者曾经受过伤如骨折等等。当天气突然变冷或变热时，他们可能会感到伤口疼痛或者慢性病加重。

天气对人类有影响已是不争的事实。目前最大的争议是天气如何影响人类。德国医学气象学家沃尔夫冈·施潘教授认为，天气的影响主要是温度、湿度、气压通过人体皮肤、呼吸器官、感觉器官以及神经系统对人体组织的综合影响。人体组织和神经系统使人体适应一定的天气形势。天气变化了，人体也必须作相应的调整。由于现代人对自然环境已不太习惯，并且远离大自然，因此许多人很难适应天气的骤然变化。石器时代原始人只能在他们的洞穴里忍受各种不舒适的天气，因此得到了磨炼，而现代人中的很多人则生活在装有空调的房间里，感受到的是经过过滤过的天气。这样，人们的身体不能很快地适应外面的天气，也就是说，血压会升高或降低，脉搏跳动过速或过缓，出汗太多或太少，只有当出现病痛的时候，才会引起人们的警觉。目前人们还不清楚，单个天气要素是如何影

响人类的。

有哪些因子始终影响人类健康呢?统计表明，不仅仅是那些像雨、雪、雾以及能导致交通事故上升的滑冰等天气，天气形势也能极大地影响人的身心健康。比如说，受高压控制的地区，夜间人们能睡个好觉，相反，高压移走，或低压移入加上暖气团来临，人们的睡眠往往会受到干扰。又比如，冷气团来临，低血压病人的病情会得到缓解，而风湿病患者则会感到疼痛难忍。

在秋冬季节，患抑郁症的人数会明显增加，比平时多出大约10%。其中男性患者比女性患者多，且多为中年人。一般来说，北半球这种季节性的抑郁症在10月至11月开始发作，3月至4月结束。大多数病人发展成非典型抑郁症，如嗜好甜食、体重增加等等。另外还有一些症状，如持续疲乏、喜欢独处、对什么都提不起兴趣、容易激动等等。

感冒与天气 〉

在我国很多地方，感冒都被称为“着凉”，可见感冒与天气有着密切的关系。感冒一年四季都会发生，冬春季节为多发期，因为流感病毒容易寄生在低温、干燥的寒冷环境里。中医也认为，当气候突然变化、寒暖失常之时，风邪病毒最易侵袭人体。

临床实践也表明，每当发生一次“天气突变”，感冒的人数常常也就随之突增。“天气突变”主要表现在气温、气压、降水、风、湿度等气象要素的剧烈变化上，一般都是由锋面天气系统带来的(锋面，即冷气团和暖气团

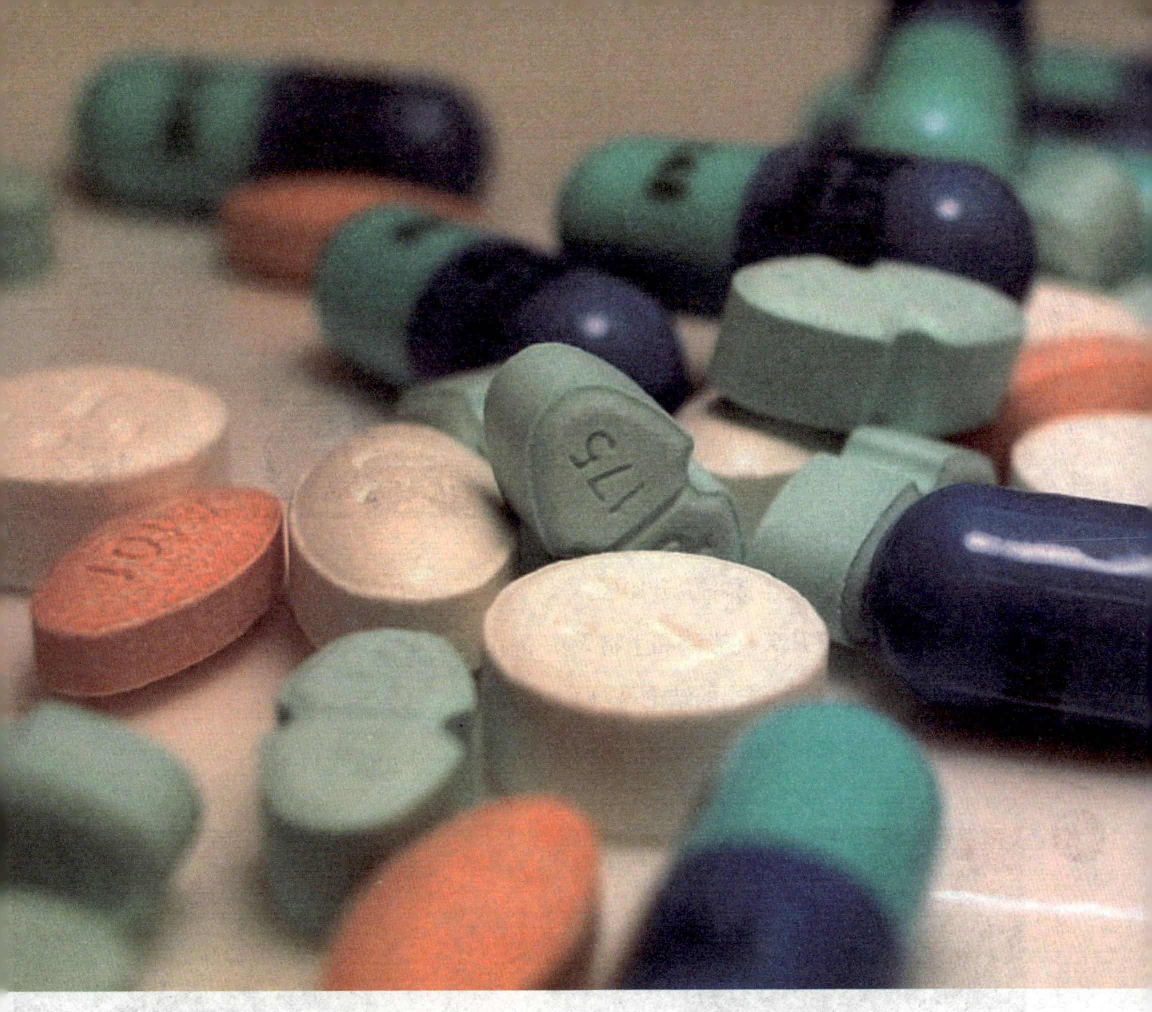

的交界面），尤其是冬春季，北方冷空气不时南下，锋面活动更为频繁，常常引发感冒或出现其他病症。

人患感冒的症状会因季节的不同而有所区别。即所谓的“四时感冒”：风寒感冒（冬季受风寒或春季降温所致）、风热感冒（春天温度高或秋冬天升温所致）、夹湿或夹暑感冒（夏季湿度大、温度高所致）、夹燥感冒（秋季空气干燥所致）。其中前两种感冒症状是一般的头疼、发热、鼻塞、流鼻涕等，而第三种感冒则常伴有胸闷、骨节疼痛等症状，夹燥感冒则一般伴有鼻燥咽干、咳嗽无痰或少痰、口渴舌红等症状。

因此，“因天制宜”应成为预防感冒所要遵循的首要原则。具体来说，就是要在熟悉本地天气和气候变化规律的前提下，注意收听和收看天气预报节目，当天气发生突变时，要及时更换衣被，注意保暖，以防受凉而引发感冒；在天气突变后的一两天内，要尽可能地少去公共场所，以防被传染上感冒。

天气对开车者的影响 >

天气除了对人类的身心健康有影响外，对人类的行为也有一定影响，突出表现在开车者身上。德国医学气象学家沃尔夫冈·施潘教授早在20世纪50年代就对此作了研究。他对慕尼黑市区的交通事故作了长达4年的研究，发现当天气发生变化时交通事故发生频率上升10%。德国气象局则将平凡天气影响和生物天气影响分开处理，他们得出的结论是：两者对事故发生频率的影响相差无几。

在出现强生物天气形势的日子里，事故发生的频率比预计的多7%～11%。在恶劣天气条件下，肇事司机开车逃跑的人数上升20%～34%。

汉堡的警察则将这一研究成果付诸实践。从1978年起，人们重新尝试在恶劣天气下减少交通事故。当气象预报员发出低压区逼近的警告后，或者当剧烈天气变化出现在交通高峰期，交警就在危险的十字路口树起“危险，事故多发时间！”的标语牌。此外，所有能动用的警察都被派到大街上去执勤。因为谁看到维持秩序的人，都会自动变得更加小心翼翼和集中注意力开车，用规定允许的速度行驶并遵守交通规则。

此外，慕尼黑气象局还想出了一个招数来防止坏天气时出现交通事故：人们这样来安排广播电台的交通节目，当播报危险天气形势时播放轻音乐，或者反过来，当播放轻音乐时播报危险天气形势。在紧急情况下，中断纯音乐节目，播音员只播报文字稿，以提高开车者的注意力。

大雾天气对航班的影响 >

按能见度划分，雾可以分为以下5个等级：能见度1千米～10千米为轻雾，能见度500米～1千米为雾，能见度200米～500米为大雾，能见度200米～50米为浓雾，能见度50米以下为强浓雾。

飞机起飞的能见度要求至少在600米以上，飞机的降落要求比起飞要求还要更高一些。因此，为了旅客安全，飞机只有在天气适航的情况下才会起飞。一般危及航空安全的是平流雾。

平流雾是暖湿空气移到较冷的陆地或水面时，因下部冷却而形成的雾。通常发生在冬季，持续时间一般较长，范围大，雾较浓，厚度较大，有时可达几百米。平流雾具有这样的特点：一是日变化不明显，一天之中任何时候都可出现，条件具备可终日不消；二是来去突然、生成迅速，风向有利时可在几分钟内布满机场，对航空飞行安全威胁极大；三是范围大，水平范围可以从几百米到几千米。厚度也大，从地面向上可达几百米到上千米。范围广、厚度大的平流雾，对飞行的影响不可估量，它严重妨碍飞机的起飞和降落。当机场能见度低于350米时，飞机就无法起飞，低于500米时，飞机就无法降落。如果能见度低于50米，飞机连滑行都无法进行，处置不当极易造成飞行事故。

天气对股市的影响 〉

炒股的人大都知道，股市里股民赚钱赔钱，其心理因素起很大作用。美国俄亥俄州立大学和密执安大学的心理学家分析了1982年至1997年全球26个国家的股票市场资料，发现天气晴朗和每日股市收益有很强的正相关关系。在股票交易日的上午晴天比阴天股指更容易上升。不过，雨、雪天气和股市回报没有相关关系。如果交易费用很小，人们根据天气来炒股可能更容易赚钱。

《新科学家》杂志报道说，华尔街股市在晴天平均有24.8%的收益，而阴天只有8.7%的收益。对于全球股市而言，天气影响更明显，晴天股指长了45%，阴天却只有16.2%。不过这些数字没有扣除其中较高的通货膨胀率的因素。

俄亥俄州立大学的研究员指出，南亚地区和澳大利亚的股民对太阳的反应不太强烈，这可能和当地维持较高的空气湿度有关。我们知道，当空气湿度很大，如果温度再高，天气闷热，人很容易急躁、情绪波动大、头脑不冷静。

阳光影响人的精神面貌（情绪、积极性、工作效率等）、生物节奏、身体内的激素分泌及物质交换。阳光太少使人感到压抑。也就是说，天气影响人的心理活动，从而作用于股市交易。

洪涝灾害天气对交通的影响

随着社会经济的发展，人们对交通运输的需求不断增长。现代交通运输追求快速、高效、安全、准时，但在很大程度上却受天气因素制约。因此，交通运输是一个对天气因素高度敏感的行业。尽管雨、雪、雾、沙尘暴、高温、低温等天气都对交通运输有一定影响，但洪涝灾害对交通运输的影响更为深刻、严重。

对于中国来说，铁路是国民经济的命脉。随着中国经济的快速增长，铁路所担负的交通运输任务也越来越繁重，但每年各类洪涝灾害都对列车行车安全和正常运输构成很大威胁。中国七大江河中下游地区的许多铁路干线，如京广、京沪、京九、陇海和沪杭甬等重要干线每年汛期常处于洪水的威胁之下。全国受洪水威胁的铁路干线超过1万千米。此外，西南、西北地区的铁路则常受山洪暴发和泥石流的影响。受山洪泥石流影响较严重的有成昆、宝成、天兰、阳安、兰新、兰青等铁路干线。

据统计，近40多年中，平均每年因洪

涝、泥石流等灾害导致列车脱轨、颠覆等重大行车事故有5起左右，中断行车5天以上的累计有60多次。特大洪灾对铁路的破坏尤其严重，除此之外，严重的洪涝灾害对一个国家的经济及全球的经济都会带来巨大的损失。

2011年7月下旬，受台风和强降雨的影响，泰国连降暴雨引发洪水，中部地区受灾尤其严重。洪水造成全国数百万人受灾、400多人死亡，1/3省份被淹，多个工厂停产。

受洪涝灾害影响导致的产能不足，泰国2011年10月份的出口总值从9月的215.11亿美元下滑至171.92亿美元，年同比增幅仅为0.3%。

泰国研究机构泰华农民研究中心于2011年11月发表研究报告，2011年10月份泰国的出口数据已明显反映出洪灾对泰国工业的严重影响：位于大城府和巴吞他尼府7座工业园区内的工厂以及灾区其他工厂被淹没而停产，这些工厂的下游企业即使未受灾也因原料和零部件供应中断而面临停产，与此同时，位于曼谷和龙仔厝府等洪灾高风险地区的工厂也因防洪而停产。

该中心称，受这波洪灾影响最为严

重的是电子产品、汽车及零部件产品和家用电器，其出口值分别萎缩了22.1%、17.4%和14.5%，这三类产品合计占泰国出口总值的40%。洪涝灾害致出口萎缩的其他产品还包括稻米、服装、纺织品、鞋、镜片、家具、餐具和厨具等。

该中心在参考了其他研究机构的数据后预估，此次洪灾使泰国2011年至2012年的出口总值减少约124亿至148亿美元。

该研究机构认为，本次洪灾不仅会在短期内导致泰国工业生产及出口陷于停顿，还将影响外国投资者在泰国投资趋势和泰国未来的出口生产能力，因为受灾工业园区中70%以上的企业为外资企业。因此，泰国政府必须赶在2012年汛期前作好妥善的水资源管理规划，在工业园区和重要经济区建设防洪设施和出台受灾企业援助措施，以此恢复投资者的信心，为泰国经济的稳定发展打造稳固的基础。

以上事实表明，洪涝灾害对铁路、公路交通运输及国家经济都会有严重影响。交通运输部门应及时掌握准确的气象资料和天气预报，特别是能导致洪水的暴雨的预报，以避免人员、财产蒙受重大损失。在发达国家，交通运输部门对天气、气候信息和预报十分重视和依赖。

天气对英国人的影响

对英国人的性格，拉尔夫·沃尔多·伊默森这样解释道：“出生在粗糙和潮湿的气候里，使得英国人总是待在屋里。”早在200年前，约翰逊博士就曾说到两个英国人见面时，开场白总会是天气。而到今天，还是如此。而普通的英国大众对电视里天气预报的迷恋程度则更是令人忍俊不禁。根据布莱克·尼尔的分析调查，天气预报是英国的电视节目中，最没有技术含量的一个。然而值得深思的是，几个毫无魅力的主持人，穿着毫无吸引力的服装，说着毫无特色的话语，却吸引了高达800万观众的眼球。由此，天气对英国人生活的影响是十分巨大的。

英国的气候温和，天气多变。英国人常说：“国外有气候，在英国只有天气”，以此来表明英国天气的变化莫测。在一日之内，忽晴忽阴又忽雨的情况并不少见。这种天气使人变得格外谨慎，看到一位英国人在阳光明媚的早上出门时穿

着雨衣，带着雨伞，外国人可能会感到可笑，但是不久以后他就会为自己的“感到可笑”而后悔。多变的天气也为人们提供了话题，在英国甚至最沉默寡言的人也喜欢谈论天气。

英国人见面时常以谈论天气来代替平常的问候。他们可能会说：“今天天气不错。”“是啊，天气不错。”如果我们想要和一个英国人交谈，而又不知从何谈起时，就可以从谈论天气开始。

英国天气变化无常的原因 >

受地理位置影响，英国全境由靠近欧洲大陆西北部海岸的不列颠群岛的大部分岛屿所组成，隔北海、多佛尔海峡和英吉利海峡同欧洲大陆相望。英国位于北纬50度～60度之间，比我国的黑龙江省还要偏北，但气候却温和得多，可以说是冬无严寒，夏无酷暑。这温和的气候首先要归功于热带的墨西哥湾暖流。这股暖流，有好几百千米宽。它浩浩荡荡地流向欧洲西北岸，改称大西洋暖流，为英国带来了温和湿润的海洋性气候。以伦敦为例，冬天河、湖极少结冰，1月份的平温气温在4摄氏度以上；而夏天又相当凉爽，7月份的平均气温只有17摄氏度，早晚常要加件毛衣才行。年降水量约600毫米，不算太多，但分布比较均匀。就全国来说，1月份的平均气温约为4～7摄氏度，7月份13～17摄氏度。年降水量西北部山区超过1000毫米，而东南部在六七百毫米之间。英国的雾气较重，在夏季晴朗的白天中，还有薄薄的烟霭；冬季则经常飞雾迷漫，似雨非雨，若烟非烟，这主要是岛屿的潮气所致。

图书在版编目（CIP）数据

风云变幻说天气 / 马亚楠编著. -- 北京：现代出版社，2016.7 （2024.12重印）

ISBN 978-7-5143-5207-8

Ⅰ.①风… Ⅱ.①马… Ⅲ.①天气－普及读物 Ⅳ.①P44-49

中国版本图书馆CIP数据核字（2016）第160667号

风云变幻说天气

作　　者：马亚楠
责任编辑：王敬一
出版发行：现代出版社
通讯地址：北京市朝阳区安外安华里 504 号
邮政编码：100011
电　　话：010-64267325　64245264（传真）
网　　址：www.1980xd.com
电子邮箱：xiandai@cnpitc.com.cn
印　　刷：唐山富达印务有限公司
开　　本：700mm×1000mm　1/16
印　　张：8
印　　次：2016年7月第1版　2024 年 12 月第 4 次印刷
书　　号：ISBN 978-7-5143-5207-8
定　　价：57.00元